DELIUS KLASING

Tim Cole

MERCEDES-BENZ TYPENATLAS

Vom 170 V bis zum 190 der Baureihe 201

Delius Klasing Verlag

Bildnachweis:
Alle Abbildungen stammen aus dem DaimlerChrysler Konzernarchiv
Titelbild: Werner Eisele, Stuttgart

Die Deutsche Bibliothek – CIP-Einheitsaufnahme

Mercedes-Benz-Typenatlas vom 170 V bis zum
190 der Baureihe 201 / Tim Cole. – Bielefeld: Delius Klasing, 2002
ISBN 3-7688-1197-2

2. Auflage
ISBN 3-7688-1197-2

Druck: Maisch & Queck, Gerlingen
Printed in Europe 2002

Delius Klasing Verlag, Siekerwall 21, D-33602 Bielefeld
Tel.: 0521/559-0. Fax: 0521/559-113
e-mail: info@delius-klasing.de
http://www.delius-klasing.de

INHALT

EINFÜHRUNG

Daimler-Benz oder Mercedes-Benz – oder heißen in der Zukunft die Fahrzeuge DaimlerChrysler und erhalten als zusätzliches Symbol zu dem Stern mit dem Dreizack auch noch den Stern mit dem Pentagon? Zur Einführung sei zunächst der Versuch gestattet, etwas Klarheit in das Namensgewirr zu bringen. Seit 1926 hieß der Konzern Daimler-Benz, die Fahrzeuge jedoch Mercedes-Benz. Je nach Region fahren die Menschen in Deutschland einen »Mercedes«, einen »Benz« oder einen »Daimler«; gemeint ist immer dasselbe, ein Automobil aus dem Hause Daimler-Benz.

Seit der Fusion mit Chrysler wird der bisherige Name der Holding Daimler-Benz durch DaimlerChrysler ersetzt, die Fahrzeuge unter dem Dreizack heißen jedoch weiterhin Mercedes-Benz.

Bereits 1989 wurde der Konzern Daimler-Benz neu gegliedert. Die Fahrzeugaktivitäten wurden in der Mercedes-Benz AG zusammengefaßt, die Daimler-Benz AG wurde zur Holding. Werner Niefer und dann Helmut Werner werden Vorstandsvorsitzende der Mercedes-Benz AG. Beide waren auch im Vorstand der Holding vertreten. Am 1. April 1997 wurden die selbständigen Gesellschaften Mercedes-Benz, debis, Dasa und ADtranz wieder aufgelöst und als Geschäftsbereiche unter dem Dach der Daimler-Benz AG zusammengeführt.

Innerhalb der Daimler-Chrysler AG wird Mercedes-Benz zu einer Division, die neben Smart, Jeep, Chrysler, Dodge, Plymouth Dasa, debis, und ADtranz für ihren bisherigen Bereich verantwortlich ist.

Die Daimler-Benz AG, die sich gerne als die älteste Automobilfabrik der Welt bezeichnet, entstand erst 1926 durch den Zusammenschluß der beiden Erfinderfirmen des Automobils. Benz & Cie. und die Daimler Motoren Gesellschaft hatten sich bereits 1924 zu einer Interessengemeinschaft zusammengeschlossen und fusionierten zwei Jahre später zur Daimler-Benz AG. Auf den Gebieten des Personenwagen-, Lastwagen- und Omnibusbaus sowie der Flugmotorenentwicklung konnte nach der Fusion die noch junge Daimler-Benz AG sehr bald die bis dahin brachliegenden personellen und technischen Resourcen der beiden Gründerfirmen bündeln, auf sie zurückgreifen und neue Akzente setzen.

Dafür sorgten, neben den großen Kompressorwagen, nicht nur kleinere – aber nicht billige – Personenwagen mit forschrittlichen Fahrwerkskonzepten, Daimler-Benz sorgte auch für den Duchbruch des Dieselmotors im Nutzfahrzeug und unternahm ab 1936 mit dem 260 D den ersten Versuch, dem Dieselmotor auch im Personenwagen zum Durchbruch zu verhelfen. Für den Glanz und Lorbeer im neuen Firmenzeichen sorgten bis zum Kriegsausbruch neben den heute noch bewunderten Kompressormodellen auch die Rennerfolge der Boliden S – SSKL und der Silberpfeile mit den Fahreridolen Manfred von Brauchitsch, Rudolf Caracciola, Hermann Lang und Richard-Dick Seaman. Einen zunehmend wichtiger werdenden Faktor auf wirtschaftlichem und technologischem Gebiet spielte ab etwa 1935, mit der einsetzenden Aufrüstungspolitik des Dritten Reiches, der Flugmotor. Mit oben liegenden Nockenwellen, Vierventiltechnik, Nockenwellenverstellung, der Einführung der Benzineinspritzung, Ladertechnik, Leichtbau und Brennraumgestaltung und anderen technischen Features nahm er vieles von

dem vorweg, was in den Jahrzehnten nach Kriegsende bei der Konstruktion von Automobilmotoren eine bedeutende Rolle spielen sollte und den Produkten der Daimler-Benz AG einen Vorsprung als Hightech-Produkt mit einem Premiumanspruch bescherte. Mit den sechs Produktionsstandorten Stuttgart-Untertürkheim, Sindelfingen, Mannheim, Gaggenau, Berlin-Marienfelde und Genshagen stellte die Daimler-Benz AG in ihren Schwerpunktgebieten in den Dreißiger und Vierziger Jahren im damaligen Deutschen Reich einen bedeutenden Wirtschaftsfaktor dar. Bis 1945 war aus einer Automobil- und Motorenfabrik ein großer Rüstungsbetrieb geworden. Dies führte zu einer herausgehobenen Position innerhalb der Wirtschaftsstruktur des Dritten Reichs und zu starkem Interesse der damaligen Kriegsgegner mit dem Ergebnis, daß am Ende des Krieges die Gebäude der Werke Untertürkheim zu 70 Prozent, Sindelfingen zu 85 Prozent, Gaggenau zu 80 Prozent und Mannheim zu 20 Prozent durch Luftangriffe zerstört waren. Berlin-Marienfelde wurde im März 1945 weitgehend zerstört, das Flugmotorenwerk Genshagen erlitt ein ähnliches Schicksal. Was noch übrig blieb, wurde von der russischen Besatzungsmacht demoniert. Demontagen durch die französische Besatzungsmacht trafen auch die Werke Untertürkheim und Sindelfingen. Das Werk Gaggenau wurde zunächst zu Reparationslieferungen für die Französischen Streitkräfte reaktiviert.
Der Einsatz von Kriegsgefangenen und KZ-Häftlingen warf einen langen Schatten auf den Glanz von Daimler-Benz, der erst in der jüngsten Vergangenheit aufgearbeitet wurde. Daimler-Benz war der erste deutsche Industriekonzern, der sich Mitte der achtziger Jahre seiner unrühmlichen Geschichte stellte und sie aufarbeitete. Nicht zu ersetzen war der Aderlaß an Personal, welcher dem Moloch Krieg zum Opfer gefallen war. Der Verlust an Maschinen und Einrichtungen war, wenn auch mit zeitlicher Verzögerung, ersetzbar – Menschen jedoch nicht.

Im November 1945 erhielt Daimler-Benz von der Amerikanischen Militärregierung zunächst die Erlaubnis, auf der Basis des Vorkriegs-Personenwagenmodells 170 V, Pritschenwagen, Kastenwagen und Krankenwagen herzustellen. Der Bau von Personenwagen war zunächst verboten, erst im Frühjahr 1946 wurde die Genehmigung für die viertürige Limousine erteilt. Im Zuge der damaligen Knappheit an Rohstoffen und Halbmaterialien entstanden skuril anmutende Gefährte. Mit ihren eckigen Führerhäusern und Schiebefenstern in den Türen machen diese Pritschen- oder Kastenwagen auf heutige Betrachter einen armseligen, primitiven Eindruck. Damals stellten sie für die jeweiligen Besitzer einen unschätzbaren Wert dar. Ab Mai 1947 konnten dann wieder, wenn auch zunächst nur für den Export in die Schweiz, Limousinen des 170 V produziert werden. Das war nur deshalb möglich, weil die großen Karosseriepressen im Werk Sindelfingen die Bombardements und die Demontage überstanden hatten.

Ein bescheidener Aufschwung setzte mit dem Ende der Zwangsbewirtschaftung und der Währungsreform im Juni 1948 ein. 1949 wurde auf der Exportmesse in Hannover das Personenwagen-Programm durch die Neukonstruktionen 170 D und 170 S erweitert. 1951 erfolgte dann mit einem Paukenschlag zunächst die Präsentation der neuen Typen 220 und 300 und später des 300 S. Im Herbst 1953 setzte dann mit dem Erscheinen des Typs 180 der eigentliche Einstieg in die Nachkriegszeit ein. Mit Einführung der selbsttragenden Karosserie und der Pontonkarosserie wurde das Ende der Pkws mit Rahmen, deren Konzept noch auf die Frühzeit des Automobils zurückging, bei Daimler-Benz eingeläutet.

Die Produktoffensive schüttelte die innovativen Highlights nur so aus dem Ärmel:1954 folgten 220a,190 SL und 300 SL, 1956 der 190, 219 und 220 S, 1957 der 300 SL Roadster, 1959 die Baureihe 111 mit den folgenden Varianten 110 und 112, die heute unter dem Sammelbegriff »Heckflosse« bekannt sind.

Auch im unternehmenspolitischen Bereich fanden beachtenswerte Veränderungen statt. Am 1. Januar 1959 übernahm die Daimler-Benz AG die Auto-Union mit den Werken Düsseldorf und Ingolstadt, die dann 1965 mit einem Stab ehemaliger Daimler-Techniker unter Ludwig Kraus an VW verkauft wurde. Mit dem Erlös wurde dann das LKW-Werk Wörth ausgebaut. Das Werk Düsseldorf blieb bei Daimler-Benz und wurde zum Transporter-Werk ausgebaut, um für Untertürkheim und Sindelfingen zusätzliche Kapazitäten zu schaffen.1960 folgte die Übernahme von Horex in Bad Homburg sowie die Beteiligung an Maybach in Friedrichshafen, 1965 die Übernahme der Maschinenfabrik Esslingen, 1966 die Mehrheitsbeteiligung an Maybach. 1968 kamen die Heinkel-Werke in Stuttgart-Zuffenhausen sowie Rheinstahl mit Hanomag und Henschel und den Werken Bremen, Harburg und Kassel hinzu. Die Werke Wörth, Mannheim, Gaggenau, Kassel, Rastatt und nach der Wiedervereinigung Ludwigsfelde wurden zu einem Produktionsverbund für Lastwagen, die Werke Düsseldorf, Harburg und Bremen zu einem Produktionsverbund für Transporter zusammengefaßt. Es war von vorneherein klar, daß die Transporterproduktion in Bremen nunmehr in Düsseldorf konzentriert werden musste, um mit dem Werk Bremen einen Standort für die Kapazitätserweiterung für Personenwagen zu schaffen. Ein erster Schritt war die Einrichtung der Fertigung der T-Modelle der Baureihe 123 in den Jahren 1977/78. Als nächster Schritt folgte dann 1982 die Produktion des kleinen Mercedes, der Baureihe 201, 1979 des SL, 1996 des SLK und 1998 des CLK im Werk Bremen. Der Produktionsverbund Personenwagen besteht heute aus den Werken Untertürkheim (Motoren), Bad Homburg (Motorenteile) Hedelfingen (Getriebe), SIndelfingen, Bremen, Rastatt (Karosserie und Endmontage) und Harburg mit der ausgelagerten Neugründung CTS für Dachkonstruktionen und Produktion für Cabriolets.

Noch ein Hinweis: Bei der Erstellung der technischen Kurztabellen sind die Zeilen Höchstgeschwindigkeit und Beschleunigung 0-100 km/h mit Werksangaben versehen (soweit verfügbar). Wenn bei den Produktionszahlen am Anfang zwei Zahlen genannt werden, dann bezieht sich die erste Zahl auf den Beginn der Vorserie, die zweite Zahl steht für das Anlaufen der Hauptserie. Die Buchstaben vor den jeweiligen Baureihennummern stehen für unterschiedliche Karosserieausführungen. Bis zum Anfang der siebziger Jahre galt für Personenwagen einheitlich ein »W«. Danach wurde stärker differenziert. Das »W« steht für die normale Limousine, »V« für die verlängerte Limousine, »C« für Coupé, »S« (Station) für Kombi und »R« für Roadster.
Der Buchstabe nach der Baureihenzahl bezieht sich auf das Verbrennungsverfahren. So steht »D« für Diesel, »V« für Vergasermotor und »E« für Einspritzmotor. Die darauf folgende Zahl kennzeichnet die Hubraumgröße. Der anschließender Buchstabe »A« kommt bei Dieselmotoren vor und bezeichnet die Aufladung. Die genannten Preise beziehen sich auf den Vorstellungsbeginn und enthalten die jeweils gültige Mehrwertsteuer.

Nach dem Krieg war jedes Transportmittel recht. Neben den reinen LKW mutierten die Personenwagen zu Allzweckbeförderungsmitteln. Es entsprach der Logik dieser Zeit, daß die Produktionserlaubnis zunächst für einen provisorischen Lieferwagen des 170 V – Nutzlast bis zu 700 kg(!) – erteilt wurde. Die ersten dieser 170 V wurden in Untertürkheim montiert. Die Karosserien für den Pritschen-, Kasten- und Krankenwagen kamen von der schwäbischen Karosseriefabrik Hägele. Das Material, Preßstoff, entsprach dem der Kriegs-LKWs. Die Fahrzeuge hatten härtere Federn, größere Reifen und eine kürzere Achsübersetzung als die Limousinen. 1098 Pritschenwagen, 552 Kastenwagen und 628 Krankenwagen wurden gebaut und kosteten 1948 DM 7200.- als Pritschen- und DM 7770.- als Kastenwagen.

TECHNISCHE DATEN

Modell:	**Typ 170 V (W 136 I)**	
Bauzeit:	05.1946–1949	
Motor:		M 136 I
Zylinderzahl:		4 in Reihe
Hubraum (cm³):		1697
Bohrung x Hub (mm):		73,5 x 100
Leistung (kW/PS):		28/38 bei 3600 1/min
Drehmoment (mkg):		10 bei 1800 1/min
Verdichtung:		6 : 1
Ventilsteuerung:		sv, Nockenwellen-Antrieb durch Stirnräder, 2 Ventile
Gemischaufbereitung:		1 Steigstromvergaser Solex 30 BFLVS
Getriebe:		4-Gang-Schaltgetriebe mit Mittelschaltung
Antriebs-Übersetzung:		4,72 : 1 für Kasten-, Pritschen- und Streifenwagen 4,125 : 1 für Krankenwagen
Reifen v/h:		6,50/6,00–16 für Kasten-, Pritschen- und Streifenwagen 5,50 –16 für Krankenwagen
Räder v/h:		4,50E x16, für Kasten-, Pritschen- und Streifenwagen 3,50D x16 für Krankenwagen
Bremse v/h:		Trommelbremsen
Spurweite v/h (mm):		1310/1330
Radstand (mm):		2845
Maße (L x B x H (mm)):		4340 x 1620 x 1850
Leergewicht (kg):		1130 Kastenwagen 1090 Pritschenwagen
Beschleunigung 0–100:		keine Angaben
Höchstgeschw. (km/h):		80 Kasten- und Pritschenwagen, 95 Streifenwagen, 108 Krankenwagen

TECHNISCHE DATEN

Modell:	**Typ 170 V (W 136 I)**
Bauzeit:	05.1947–05.1950
Motor:	M 136 I
Zylinderzahl:	4 in Reihe
Hubraum (cm³):	1697
Bohrung x Hub (mm):	73,5 x 100
Leistung (kW/PS):	28/38 bei 3600 1/min
Drehmoment (mkg):	10 bei 1800 1/min
Verdichtung:	6 : 1, ab 1949: 6,5 : 1
Ventilsteuerung:	sv, Nockenwellen-Antrieb durch Stirnräder, 2 Ventile
Gemischaufbereitung:	1 Steigstromvergaser Solex 30 BFLVS
Getriebe:	4-Gang-Schaltgetriebe mit Mittelschaltung
Antriebs-Übersetzung:	4,125 : 1
Reifen v/h:	5,50 –16
Räder v/h:	3,50 D x16
Bremse v/h:	Trommelbremsen
Spurweite v/h (mm):	1310/1296
Radstand (mm):	2845
Maße (L x B x H (mm)):	4285 x 1580 x 1610
Leergewicht (kg):	1160
Beschleunigung 0–100:	keine Angaben
Höchstgeschw. (km/h):	108

Im Mai 1947 setzte die Produktion des 170 V als viertürige Limousine wieder ein. Die Fertigung wurde wurde aus Rationalisierungsgründen von Untertürkheim nach Sindelfingen verlegt. Lieferbar waren diese Autos ausschließlich in schwarz. Gegenüber der Vorkriegsausführung gab es folgende Änderungen: Karosserie als Ganzstahlausführung, die Armaturen hatten zunächst ein schwarzes Zifferblatt mit weißen Zahlen. Ab Juli 1949 wurden, wie vor dem Krieg, elfenbeinfarbige Zifferblätter mit schwarzen Zahlen verwendet, als weitere Lackierung wurde grau angeboten. Der Preis für die Limousine betrug vor der Währungsreform RM 6200.-, ab 21.6.1948 DM 7800.-.

MERCEDES BENZ 170 D

Der 170 D kam im unscheinbaren Kleid des bekannten 170V daher, er war aber 1949 in Hannover der wichtigste Newcomer. Daimler-Benz präsentierte erstmals den kleinsten Diesel-PKW der Welt. Man muß in Untertürkheim geahnt haben, daß dem penetranten Nagler noch eine glänzende und langanhaltende Karriere bevorstand. Der eingetretene Verkaufserfolg der nächsten Jahre stellte unter Beweis, daß die Marschrichtung der Entwicklung unbedingt dem Zeitgeist entsprach. Daimler-Benz, bisher Pionier bei den Großen, Exclusiven und Schnellen war plötzlich auch Trendsetter bei sparsamen und extrem langlebigen Automobilen geworden. Lieferbar war der 170 D in den Farben schwarz und grau und kostete 1949 DM 9200.-.

TECHNISCHE DATEN

Modell:	**170 D (W 136 I)**
Bauzeit:	05.1949 – 05.1950
Motor:	OM 636 I
Zylinderzahl:	4 in Reihe
Hubraum (cm³):	1697
Bohrung x Hub (mm):	73,5 x 100
Leistung (kW/PS):	28/38
Drehmoment (mkg):	9,8 bei 2000 1/min
Verdichtung:	19 : 1
Ventilsteuerung:	ohv, Nockenwellen-Antrieb durch Stirnräder, 2 Ventile
Gemischaufbereitung:	Vorkammer-Einspritzung durch Bosch Vierstempelpumpe
Getriebe:	4-Gang-Schaltgetriebe mit Mittelschaltung
Antriebs-Übersetzung:	4,125 : 1
Reifen v/h:	5,50 – 16
Räder v/h:	3,50 D x 16
Bremse v/h:	Trommelbremsen
Spurweite v/h (mm):	1310/1296
Radstand (mm):	2845
Maße (L x B x H (mm)):	4285 x 1580 x 1610
Leergewicht (kg):	1250
Beschleunigung 0–100:	65 s
Höchstgeschw. (km/h):	100

TECHNISCHE DATEN

Modell:	**170 Va (W 136 VI)**
Bauzeit:	06.1950 – 05.1952
Motor:	M 136 VI
Zylinderzahl:	4 in Reihe
Hubraum (cm³):	1767
Bohrung x Hub (mm):	75 x 100
Leistung (kW/PS):	33/45 bei 3600 1/min
Drehmoment (mkg):	11 bei 1800 1/min
Verdichtung:	6,5 : 1
Ventilsteuerung:	sv, Nockenwellen-Antrieb durch Stirnräder, 2 Ventile
Gemischaufbereitung:	1 Steigstromvergaser Solex 30 BFLVS
Getriebe:	4-Gang-Schaltgetriebe mit Mittelschaltung
Antriebs-Übersetzung:	4,125 : 1
Reifen v/h:	5,50 – 16
Räder v/h:	3,50 D x 16
Bremse v/h:	Trommelbremsen
Spurweite v/h (mm):	1310/1342
Radstand (mm):	2845
Maße (L x B x H (mm)):	4285 x 1630 x 1610
Leergewicht (kg):	1185
Beschleunigung 0–100:	keine Angaben
Höchstgeschw. (km/h):	116

Der 170Va wurde als Versuch gesehen, den schnell wachsenden Ansprüchen der Bevölkerung gerecht zu werden. Zunächst wurde der Hubraum erhöht und entsprach jetzt dem des 170S, die Leistung erhöhte sich moderat. Der Kofferraum wurde durch eine nach hinten (sic) zu öffnende Klappe von außen zugänglich gemacht. Die Hinterachsspur wurde verbreitert, und die Bremsen erhielten breitere Bremstrommeln. Lüftungsblenden an den vorderen Seitenfenstern ersetzten die ausstellbare Windschutzscheibe, die Winkerbetätigung erfolgte durch den Signalring am Lenkrad.
Der Preis betrug ab 7.6.1950 DM 7380.-. Als Sonderausführungen waren ein Kasten-, ein Krankenwagen und ein spezielles Fahrgestell für Sonderaufbauten lieferbar.

Zeitgleich mit der Aufwertung des 170 V erhielt auch die Dieselversion die entsprechenden Änderungen. Die Hubraumerweiterung brachte eine geringe Leistungs- und Drehmomentverbesserung. Gleichzeitig wurde die Produktpalette um einen Kastenwagen, einen Krankenwagen (Aufbau Lueg), ein Fahrgestell für Sonderaufbauten und einen offenen Tourenwagen mit vier Türen als Sonderanfertigung für Polizei und Grenzschutz (OTP) erweitert.
Der Preis für die Limousine betrug DM 8950.- plus DM 45.- für einen Wärmetauscher, das Schiebedach kostete DM 600.-. Alle Sonderausführungen wurden mit größer dimensionierter Bereifung (6,00-16) ausgestattet.

TECHNISCHE DATEN

Modell:	**170 Da (W 136 VI D)**
Bauzeit:	05.1950 – 06.1952
Motor:	OM 636 VI
Zylinderzahl:	4 in Reihe
Hubraum (cm^3):	1767
Bohrung x Hub (mm):	75 x 100
Leistung (kW/PS):	30/40
Drehmoment (mkg):	10.3 bei 2000 1/min
Verdichtung:	19 : 1
Ventilsteuerung:	ohv, Nockenwellen-Antrieb durch Stirnräder, 2 Ventile
Gemischaufbereitung:	Vorkammer-Einspritzung durch Bosch Vierstempelpumpe
Getriebe:	4-Gang-Schaltgetriebe mit Mittelschaltung
Antriebs-Übersetzung:	4,125 : 1
Reifen v/h:	5,50 – 16, OTP 6,00 – 16
Räder v/h:	3,50D x 16, OTP 4,00 E x 16
Bremse v/h:	Trommelbremsen
Spurweite v/h (mm):	1310/1342
Radstand (mm):	2845
Maße (L x B x H (mm)):	4285 x 1630 x 1610, OTP 4300 x 1630 x 1650
Leergewicht (kg):	1250, OTP 1220
Beschleunigung 0–100:	keine Angaben
Höchstgeschw. (km/h):	105, OTP 100

TECHNISCHE DATEN

Modell:	**170 Vb (W 136 VI)**
Bauzeit:	05.1952– 08.1953
Motor:	M 136 VI
Zylinderzahl:	4 in Reihe
Hubraum (cm^3):	1767
Bohrung x Hub (mm):	75 x 100
Leistung (kW/PS):	33/45 bei 3600 1/min
Drehmoment (mkg):	11 bei 1800 1/min
Verdichtung:	6,5 : 1
Ventilsteuerung:	sv, Nockenwellen-Antrieb durch Duplex-Kette, 2 Ventile
Gemischaufbereitung:	1 Steigstromvergaser Solex 30 BFLVS
Getriebe:	4-Gang-Schaltgetriebe mit Mittelschaltung
Antriebs-Übersetzung:	4,125 : 1
Reifen v/h:	5,50 -16
Räder v/h:	3,50 D x 16
Bremsen v/h:	Trommelbremsen
Spurweite v/h (mm):	1310/1360
Maße (L x B x H (mm)):	4285 x 1630 x 1610
Leergewicht (kg):	1185
Beschleunigung 0–100:	keine Angaben
Höchstgeschw. (km/h):	116

Der 170Vb wurde innerhalb eines Produktionsjahres noch einmal gänzlich überarbeitet. Äußerliches Merkmal hierfür sind die beiden horizontalen Entlüftungsschlitze an beiden Seiten der Motorhaube, die die senkrechten »Kiemen« ersetzen. Ein weiteres Merkmal sind die durchgehenden Stoßstangen. Die Frontscheibe wurde vergrössert und die Wischergestänge verdeckt angebracht. Durch eine Änderung der Lehnen der Vordersitze und der Sitzlehne im Fond wurde der Rücksitzraum um 35 mm vergrößert. Die Spur der Hinterachse wurde nochmals verbreitert, die Hinterachse erhielt eine Hypoidverzahnung. Der Wagen wurde für DM 7900.- angeboten.

MERCEDES-BENZ 170 Db

Gleichzeitig mit dem 170 Vb kam im Mai 1952 auch eine modellgepflegte Ausführung der Dieselversion auf den Markt. Wie der Benziner verfügte auch der 170 Db über horizontale Entlüftungsschlitze an der Motorhaube und einteilige Stoßstangen. Technische Änderungen betrafen die Hinterachse, die auf Hypoid-Verzahnung umgestellt wurde und eine breitere Spur erhielt. Der Preis für das Fahrzeug betrug DM 8950.-. Insgesamt wurden von allen 170 D-Varianten 26 758 Limousinen gebaut, zusätzlich für Sonderaufbauten 6020 Fahrgestelle.

TECHNISCHE DATEN

Modell:	**170 Db (W 136 VI D)**
Bauzeit:	05.1952 – 10.1953
Motor:	OM 636 VI
Zylinderzahl:	4 in Reihe
Hubraum (cm^3):	1767
Bohrung x Hub (mm):	75 x 100
Leistung (kW/PS):	30/40 bei 3200 1/min
Drehmoment (mkg):	10,3 bei 2000 1/min
Verdichtung:	19 : 1
Ventilsteuerung:	ohv, Nockenwellen-Antrieb durch Stirnräder, 2 Ventile
Gemischaufbereitung:	Bosch Einspritzpumpe, Vorkammereinspritzung
Getriebe:	4-Gang-Schaltgetriebe mit Mittelschaltung
Antriebs-Übersetzung:	4,125 : 1
Reifen v/h:	5,50 –16,
Sonderfahrzeuge	6,00 –16
Räder v/h:	3,50 D x 16,
Sonderfahrzeuge	4,00 x 16
Bremse v/h:	Trommelbremsen
Spurweite v/h (mm):	1310/1360
Radstand (mm):	2845
Maße (L x B x H (mm)):	4825 x 1639 x 1650, OTP 4300 x 1630 x 1650
Leergewicht (kg)	1250, OTP 1220
Beschleunigung 0–100	keine Angaben
Höchstgeschw.(km/h)	105

TECHNISCHE DATEN

Modell:	**170 S-V (W 136 VIII)**
Bauzeit:	07.1953 – 02.1955
Motor:	M 136 VIII
Zylinderzahl:	4 in Reihe
Hubraum (cm³):	1767
Bohrung x Hub (mm):	75 x 100
Leistung (kW/PS):	33/45 bei 3600 1/min
Drehmoment (mkg):	11 bei 1800 1/min
Verdichtung:	6,7 : 1
Ventilsteuerung:	sv, Nockenwellen-Antrieb durch Duplex-Kette, 2 Ventile
Gemischaufbereitung:	1 Steigstromvergaser Solex 30 BFLVS
Getriebe:	4-Gang-Schaltgetriebe mit Lenkradschaltung
Antriebs-Übersetzung:	4,125 : 1
Reifen v/h:	5,50 –16
Räder v/h:	3,50 D x 16
Bremse v/h:	Trommelbremsen
Spurweite v/h (mm):	1310/1435
Radstand (mm):	2845
Maße (L x B x H (mm)):	4450 x 1685 x 1590
Leergewicht (kg):	1220
Beschleunigung 0–100:	39 s
Höchstgeschw. (km/h):	116

Mit dem Erscheinen des 180 mit seiner geräumigen Ponton-Karosserie mußte die Produktpalette neu geordnet werden. Die enge Karosserie des 170 V war nicht mehr zeitgemäß. Um ein den Anforderungen entsprechendes und dennoch preiswertes Einsteigermodell zu schaffen, bediente man sich bereits vorhandener Komponenten. Eine vereinfachte Karosserie des 170 S wurde komplettiert mit dem Rahmen des 170 Vb und mit seiner Querblattfeder-Vorderachse versehen. Abweichend vom 170 S hatte der 170 S-V die dünnen und hohen 16 Zoll Räder vom 170 V übernommen. Diese Veränderungen fanden bei den Käufern keine Akzeptanz. Gebaut wurden 3002 Fahrzeuge und 120 Fahrgestelle.

MERCEDES-BENZ 170 S-D

Der 170 S-D ersetzte zwangsläufig den 170 D. Er erhielt die geräumigere S-Karosserie und wurde auf das Fahrwerk des 170 D montiert. Das so modifizierte Fahrzeug erlangte nun die erhoffte Akzeptanz bei den Kunden. Mit 11 800 Fahrzeugen mit 3087 Fahrgestellen wurden annähernd soviele Chassis gebaut wie von der Limousine mit Benzinmotor. Darüberhinaus waren Kasten-, Kombi- und Krankenwagenaufbauten der Firma Lueg im Lieferprogramm. Der Preis für die Limousine betrug DM 9350.-.

TECHNISCHE DATEN

Modell:	**170 S-D (W 136 VIII D)**
Bauzeit:	07.1953 – 09.1955
Motor:	OM 636 VIII
Zylinderzahl:	4 in Reihe
Hubraum (cm³):	1767
Bohrung x Hub (mm):	75 x 100
Leistung (kW/PS):	30/40 bei 3200 1/min
Drehmoment (mkg):	10,3 bei 2000 1/min
Verdichtung:	19 : 1
Ventilsteuerung:	ohv, Nockenwellen-Antrieb durch Stirnräder, 2 Ventile
Gemischaufbereitung:	Bosch Einspritzpumpe, Vorkammereinspritzung
Getriebe:	4-Gang-Schaltgetriebe mit Lenkradschaltung
Antriebs-Übersetzung:	4,125 : 1
Reifen v/h:	5,50– 16
Räder v/h:	3,50 D x 16
Bremse v/h:	Trommelbremsen
Spurweite v/h (mm):	1310/1435
Radstand (mm):	2845
Maße (L x B x H (mm)):	4450 x 1685 x 1590
Leergewicht (kg):	1300
Beschleunigung 0–100:	50,8 s
Höchstgeschw. (km/h):	105

TECHNISCHE DATEN

Modell:	**170 S (W 136 IV)**
Bauzeit:	05.1949 – 02.1952
Motor:	M 136 III
Zylinderzahl:	4 in Reihe
Hubraum (cm³):	1767
Bohrung x Hub (mm):	75 x 100
Leistung (kW/PS):	38/52 bei 4000 1/min
Drehmoment (mkg):	11,4 bei 1800 1/min
Verdichtung:	6,5 : 1
Ventilsteuerung:	sv, Nockenwellen-Antrieb durch Stirnräder, 2 Ventile
Gemischaufbereitung:	1 Fallstromvergaser Solex 32 PICB
Getriebe:	4-Gang-Schaltgetriebe mit Mittelschaltung
Antriebs-Übersetzung:	4,375 : 1
Reifen v/h:	6,40 –15
Räder v/h:	4,50 K x 15
Bremse v/h:	Trommelbremsen
Spurweite v/h (mm):	1315/1420
Radstand (mm):	2845
Maße (L x B x H (mm)):	
Limousine und Cabriolet B	4455 x 1684 x 1610
Cabriolet A	4510 x 1684 x 1560
Leergewicht (kg):	1220 Limousine 1270 Cabriolet A und B
Beschleunigung 0–100:	31,0 s
Höchstgeschw.(km/h):	120

1949 wurde in Hannover der 170 S vorgestellt. Der Newcomer schlüpfte unversehens in die Rolle dessen, was heute im Daimler-Terminus als S-Klasse bezeichnet wird. Jeder, der etwas auf sich hielt und es sich auch leisten konnte, fuhr damals einen 170 S. Eines hatte er dem 170 V voraus: Bei gleichem Rahmen hatte er eine Vorderachsaufhängung an Trapezlenkern mit Schraubenfedern, die eine wesentlich besseren Federungskomfort und bessere Fahreigenschaften ermöglichten. Der Preis für die Limousine betrug im Mai 1949 mit Reifen (sic) DM 9850.-plus DM 140.- für die Heizung. Das Cabriolet B war für DM 12 500.-, das Cabriolet A für DM 15 800.-, jeweils einschließlich Heizung, zu haben. Gebaut wurden 28 708 Limousinen plus 56 Fahrgestelle, 1603 Cabriolet B und 830 Cabriolet A .

MERCEDES-BENZ 170 Sb

Der 170 Sb war eine Weiterentwicklung des 170 S und unterschied sich von diesem in sieben Punkten: Vom Typ 220 wurden das größere Heckfenster mit Chromrahmen, die Lenkradschaltung, der Anlaßknopf und die innenliegenden Kofferdeckelscharniere übernommen. Die Winkerkontrolllampe wurde von der Lenkradmitte an das Armaturenbrett versetzt und die Rücksitzlehne für größere Beinfreiheit um 40 mm nach hinten verlegt. Außerdem erhielt der 170 Sb eine Hypoidhinterachse mit größerer Spurbreite. Der Verkaufspreis betrug DM 9950.-plus 185.- für Heizung mit Gebläse und DM 600.-für das Faltschiebedach. Gebaut wurden 8080 Fahrzeuge plus14 Fahrgestelle.

TECHNISCHE DATEN

Modell:	**170 Sb (W 191)**
Bauzeit:	01.1952 – 08.1953
Motor:	M 136 IV
Zylinderzahl:	4 in Reihe
Hubraum (cm³):	1767
Bohrung x Hub (mm):	75 x 100
Leistung (kW/PS):	38/52 bei 4000 1/min
Drehmoment (mkg):	11,4 bei 1800 1/min
Verdichtung:	6,5 : 1
Ventilsteuerung:	sv, Nockenwellen-Antrieb durch Duplex-Kette, 2 Ventile
Gemischaufbereitung:	1 Fallstromvergaser Solex 32 PICB
Getriebe:	4-Gang-Schaltgetriebe mit Lenkradschaltung
Antriebs-Übersetzung:	4,44 : 1
Reifen v/h:	6,40 –15
Räder v/h:	4,50 K x 15
Bremse v/h:	Trommelbremsen
Spurweite v/h (mm):	1315/1435
Radstand (mm):	2845
Maße (L x B x H(mm)):	4455 x 1684 x 1610
Leergewicht (kg):	1250
Beschleunigung 0–100:	keine Angaben
Höchstgeschw. (km/h):	120

TECHNISCHE DATEN

Modell:	**170 DS (W 191 D)**
Bauzeit:	01.1952 – 08.1953
Motor:	OM 636 VI
Zylinderzahl:	4 in Reihe
Hubraum (cm³):	1767
Bohrung x Hub (mm):	75 x 100
Leistung (kW/PS):	30/40 bei 3200 1/min
Drehmoment (mkg):	10,3 bei 2000 1/min
Verdichtung:	19 : 1
Ventilsteuerung:	ohv, Nockenwellen-Antrieb durch Stirnräder, 2 Ventile
Gemischaufbereitung:	Vorkammereinspritzung durch Bosch Vierstempelpumpe,
Getriebe:	4-Gang-Schaltgetriebe mit Lenkradschaltung
Antriebs-Übersetzung:	4,125 : 1
Reifen v/h:	5,50 –16
Räder v/h:	3,50 D x 16
Bremse v/h:	Trommelbremsen
Spurweite v/h (mm):	1315/1435
Radstand (mm):	2845
Maße (L x B x H (mm)):	4455 x 1684 x 1610
Leergewicht (kg):	1275
Beschleunigung 0–100:	keine Angaben
Höchstgeschw. (km/h):	100

Mit dem 170 DS machte Daimler-Benz im Januar 1952 den Diesel in einer höheren Klasse salonfähig. Mit dem Einbau des Selbstzünders in den geräumigeren und besser gefederteren 170 S erschlossen sich die Schwaben eine neue Klientel. Von außen war der 170 DS kaum von dem 170 Sb zu unterscheiden. Erkennbarer Unterschied blieben die mickrig wirkenden 16 Zoll Räder, während der 170 S mit seinen voluminöseren 15 Zoll Rädern und der entsprechenden Bereifung viel stämmiger daherkam. Dem Erfolg taten diese Äußerlichkeiten keinen Abbuch. Mit 12 857 plus 128 Fahrgestellen gebauten 170 DS übertraf er seinen nobleren Bruder 170 Sb um über 50%. Der Einstiegspreis betrug DM 10 985.-.

MERCEDES-BENZ 220

Als der 220 im Jahr 1951 auf der IAA vorgestellte wurde, stand er im Schatten des 300. Heute entspräche dieses Auto einer S-Klasse. Die Karosserie wirkte nicht aufregend, sie war nichts anderes als eine 170 S-Karosserie bei der man die Scheinwerfer in die Kotflügel eingelassen hatte und das Rückfenster vergrößerte. Eine Schönheit ist immer noch das Cabriolet A, und auch das ab Dezember 1953 angebotene Coupé. Beide wurden nach dem Erscheinen des 220a noch bis 1955 weitergebaut, erhielten allerdings eine gebogene Frontscheibe. Die Preise betrugen: für die Limousine DM 11 925.-, für das Cabriolet A DM 20 850.-, für das Coupé DM 20 850 und für das Cabriolet B DM 15 160.-.
Gebaut wurden 16 066 Limousinen plus 47 Fahrgestelle., 1278 Cabriolet A, 85 Coupés, 997 Cabriolet B und 41 Offene Tourenwagen für die Polizei.

TECHNISCHE DATEN

Modell:	**220 (W 187)**
Bauzeit:	Limousine 04.1951 – 05.1954 Cabriolet A 04.1951– 08.1955 Cabriolet B 04.1951– 05.1953 Offener Tourenwagen 05.1952 – 04.1953 Coupé 12.1953 – 07.1955
Motor:	M 180 I
Zylinderzahl:	6 in Reihe
Hubraum (cm³):	2195
Bohrung x Hub (mm):	80 x 72,8
Leistung (kW/PS):	59/80 bei 4850 1/min
Drehmoment (mkg):	14,5 bei 2500 1/min
Verdichtung:	6,5 : 1
Ventilsteuerung:	ohc, Antrieb durch Duplex-Kette, 2 Ventile
Gemischaufbereitung:	1 Doppel-Fallstromvergaser Solex 30 PAAI
Getriebe:	4-Gang-Schaltgetriebe mit Lenkradschaltung
Antriebs-Übersetzung:	4,44 : 1
Reifen v/h:	6,40 – 15
Räder v/h:	4,50 K x 15
Bremse v/h:	Trommelbremsen
Spurweite v/h (mm):	1315/1435
Radstand (mm):	2845
Maße (L x B x H (mm)): Cabriolet A/Coupé	4507 x 1685 x 1560, 4538 x 1685 x 1560
Leergewicht (kg):	1350 Limousine, 1440 Cabriolet A und B
Beschleunigung 0–100:	20,6 s
Höchstgeschw. (km/h):	137

TECHNISCHE DATEN

Modell:	**300 (W 186 II)**
Bauzeit:	04/11.1951 – 04.1954
Motor:	M 186 I
Zylinderzahl:	6 in Reihe
Hubraum (cm³):	2996
Bohrung x Hub (mm):	85 x 88
Leistung (kW/PS):	85/115 bei 4600 1/min
Drehmoment (mkg):	20 bei 2500 1/min
Verdichtung:	6,4 : 1
Ventilsteuerung:	ohc, Antrieb durch Duplex-Kette, 2 Ventile
Gemischaufbereitung:	2 Fallstromvergaser Solex 40 PBIC
Getriebe:	4-Gang-Schaltgetriebe mit Lenkradschaltung
Antriebs-Übersetzung:	4,44 : 1
Reifen v/h:	7,10 –15
Räder v/h:	5 K x 15-A
Bremse v/h:	Trommelbremsen
Spurweite v/h (mm)):	1480/1525
Radstand (mm):	3050
Maße (L x B x H (mm)):	4950 x 1840 x 1640
Leergewicht (kg):	1780 Limousine, 1830 Cabriolet D
Beschleunigung 0–100:	17,7 s
Höchstgeschw. (km/h):	155

Der 300 war bei seinem Erscheinen 1951 in Frankfurt der Größte und der Schnellste. In seiner Zeit genoß er eine überragende Bedeutung. Der 115 PS Motor mit obenliegender Nockenwelle war beim ersten Hinsehen eine Neukonstruktion, tatsächlich war er in mehreren Stufen aus dem M 159 entwickelt worden. Man hatte das Beste aus vorhandenem gemacht. Neu war die elektrisch zuschaltbare Drehstabfeder an der Hinterachse, um bei Belastung das Heck nicht absinken zu lassen. Von dem schnellsten PKW der frühen Fünfziger wurden 4563 Limousinen plus 3 Fahrgestelle und 455 Cabriolet D gebaut.
Die Limousine kostete 1951 DM 17 600.-, das Cabriolet D DM 21 600.-

MERCEDES-BENZ 300 b

Der 300 b, in Genf 1954 vorgestellt, zeigte von außen einige Unterschiede zum Vorgänger. An den Stoßstangen fielen die Hörner auf, die beim Vorgänger nur für die Exportversion vorgesehen waren. Die verchromten Lochfelgen verdeckten die breiteren Bremstrommeln. Die Bremsen hatten jetzt serienmäßig Servounterstützung. Die vorderen Türen waren mit Ausstellfenstern versehen. Wichtigste Änderung am Motor waren die Erhöhung der Verdichtung und der Einsatz der beiden Registervergaser. Beide Maßnahmen führten zu Mehrleistung und deutlich niedrigerem Verbrauch. Gebaut wurden 1639 Limousinen, 10 Fahrgestelle und 136 Cabrio-let D. Die Limousine kostete1954 DM 22 000.-, das Cabriolet DM 24 700.-

TECHNISCHE DATEN

Modell:	**300 b (W 186 III)**
Bauzeit:	03.1954 – 08.1955
Motor:	M 186 II
Zylinderzahl:	6 in Reihe
Hubraum (cm³):	2996
Bohrung x Hub (mm):	85 x 88
Leistung (kW/PS):	92/125 bei 4500 1/min
Drehmoment (mkg):	22,5 bei 2600 1/min
Verdichtung:	7,4 : 1
Ventilsteuerung:	ohc, Antrieb durch Duplex-Kette, 2 Ventile
Gemischaufbereitung:	2 Fallstrom-Registervergaser Solex 32 PAIAT
Getriebe:	4-Gang-Schaltgetriebe mit Lenkradschaltung
Antriebs-Übersetzung:	4,67 : 1
Reifen v/h:	7,10 – 15
Räder v/h:	5 K x 15 – A
Bremse v/h:	Trommelbremsen mit Servounterstützung
Spurweite v/h (mm):	1480/1525
Radstand (mm):	3050
Maße (L x B x H (mm)):	5055 x 1840 x 1640
Leergewicht (kg):	1780 Limousine, 1910 Cabriolet D
Beschleunigung 0–100:	17,7 s
Höchstgeschw. (km/h):	ca. 160

TECHNISCHE DATEN

Modell:	**300 c (186 IV)**
Bauzeit:	09.1955 – 07.1957, Cabriolet D 09.1955 – 12.1956
Motor:	M 186 II
Zylinderzahl:	6 in Reihe
Hubraum (cm³):	2996
Bohrung x Hub (mm):	85 x 88
Leistung (kW/PS):	92/125 bei 4500 1/min
Drehmoment (mkg):	22,5 bei 2600 1/min
Verdichtung:	7,4 : 1
Ventilsteuerung:	ohc, Antrieb durch Duplex-Kette, 2 Ventile
Gemischaufbereitung:	2 Fallstrom-Registervergaser Solex 32 PAIAT
Getriebe:	4-Gang-Schaltgetriebe mit Lenkradschaltung
auf Wunsch	3-Gang-Automatik
Antriebs-Übersetzung:	4,67 : 1
Reifen v/h:	7.60 –15
Räder v/h:	5½ K x 15-B
Bremse v/h:	Trommelbremsen mit Servounterstützung
Spurweite v/h (mm):	1480/1525
Radstand (mm):	3050,
lange Ausführung	3150
Maße (L x B x H (mm)):	5065 x 1840 x 1600,
lange Ausführung	5165 x 1840 x 1600
Leergewicht (kg):	1860 Limousine, 1910 Cabriolet D, mit Automatikgetriebe + 20
Beschleunigung 0–100:	18,0 s Automatik
Höchstgeschw. (km/h):	155 Automatik

Von außen waren 300 b und c kaum voneinander zu unterscheiden. Selbst bei der verlängerten Version, sie wurde auf besonderen Wunsch des damaligen Bundeskanzlers Konrad Adenauer realisiert, mußte man genau hinsehen. Bei dem »Langen« wurden im Fond 14 cm Fußraum gewonnen. 10 cm durch die Radstandsverlängerung und 4 cm durch die Rückverlegung des hinteren Sitzes. Dadurch war auch Platz für eine Trennwand gewonnen. Die Fahreigenschaften erfuhren eine Verbesserung durch den Einbau der Eingelenk-Pendelachse mit tief gelegtem Drehpunkt. Offiziell hieß der 300 c »300 Automatic«, was durch einen Schriftzug unter dem Kofferdeckel unterstrichen wurde. Die Preise betrugen 1955 für die Limousine DM 22 000.-, für die lange Ausführung DM 25 000.- und für das Cabriolet D DM 24 700.-. Gebaut wurden 1367 Limousinen und 3 Fahrgestelle und 51 Cabriolet D.

Basis für den 300 d war das lange Chassis des 300 c. Die Karosserie erhielt einen pfostenlosen Hardtop-Aufbau, bei dem alle Seitenfenster versenkbar waren. Die Heckgestaltung mit den Rückleuchten erinnern an die 220 S Coupés/Cabriolets. Der Getriebeautomat der Firma Borg-Warner war Serie, das Schaltgetriebe Sonderwunsch. Der Motor hatte eine Saugrohr-Einspritzung erhalten. Die Leistungssteigerung betrug 35 PS. Das Cabriolet D wurde ab Juli 1958 auf Sonderbestellung geliefert. Die Limousine kostete 1957 DM 28 500.-, das Cabriolet D 1958 DM 37 000.-. Gebaut wurden 3073 Limousinen plus 1 Fahrgestell und 51 Cabriolet D. 1960 wurden drei Sonderausführungen mit längerer und höherer Karosserie gebaut. Ein Landaulet ging an den Vatikan, das zweite wurde wie die Limousine zu besonderen Anlässen, wie z.B. bei Staatsbesuchen, vom Werk an die Bundesregierung vermietet.

TECHNISCHE DATEN

Modell:	**300 d (W 189) [300 d Sonderausführung]**
Bauzeit:	Limousine 08/11.1957 – 03.1962 Cabriolet D 07.1958 – 02.1962
Motor:	M 189 I
Zylinderzahl:	6 in Reihe
Hubraum (cm³):	2996
Bohrung x Hub (mm):	85 x 88
Leistung (kW/PS):	118/160 bei 5300 1/min
Drehmoment (mkg):	24,2 bei 4200 1/min
Verdichtung:	8,55 : 1
Ventilsteuerung:	ohc, Antrieb durch Duplex-Kette, 2 Ventile
Gemischaufbereitung:	Saugrohreinspritzung durch Bosch Sechsstempelpumpe
Getriebe:	3-Gang-Automatik-Getriebe mit Wahlhebel am Lenkrad
auf Wunsch	4-Gang-Schaltgetriebe
Antriebs-Übersetzung:	4,67 : 1
Reifen v/h:	7,60 –15 [8,00 –15]
Räder v/h:	$5^1/_2$ K x 15-B
Bremse v/h:	Trommelbremsen mit Servounterstützung
Spurweite v/h (mm):	1480/1525
Radstand (mm):	3150 [3600]
Maße (L x B x H(mm)): [Sonderausführung	5190 x 1860 x 1620 5640 x 1995 x 1720]
Leergewicht (kg):	1990, [1970] 2040 Cabriolet D [2365 Sonderausführung]
Beschleunigung 0–100:	keine Angaben
Höchstgeschw. (km/h):	165 Automatik, 170 Schaltgetriebe

TECHNISCHE DATEN

Modell:	**300 S (W 188 I)**
Bauzeit:	Cabriolet A 09.1951/06.1952 – 06.1955 Coupé 09.1951/08.1952 – 08.1955 Roadster 09.1952 – 06.1955
Motor:	M 188
Zylinderzahl:	6 in Reihe
Hubraum (cm³):	2996
Bohrung x Hub (mm):	85 x 88
Leistung (kW/PS):	110/150 bei 5000 1/min
Drehmoment (mkg):	23,5 bei 3800 1/min
Verdichtung:	7,8 : 1
Ventilsteuerung:	ohc, Antrieb durch Duplex-Kette, 2 Ventile
Gemischaufbereitung:	3 Fallstromvergaser Solex 40 PBIC
Getriebe:	4-Gang-Schaltgetriebe mit Lenkradschaltung
Antriebs-Übersetzung:	4,125 : 1
Reifen v/h:	6,70 –15 -A
Räder v/h:	5 K x 15
Bremse v/h:	Trommelbremsen,
ab 1954	mit Servounterstützung
Spurweite v/h (mm):	1480/1525
Radstand (mm):	2900
Maße (L x B x H(mm)):	4700 x 1860 x 1510
Leergewicht (kg):	1760
Beschleunigung 0–100:	15,0 s
Höchstgeschw. (km/h):	177

Der 300 S war 1951 für exclusive Kunden die zweite Überraschung nach dem 300, und gleich noch mit drei attraktiven Aufbauten zur Wahl. Reminiszenzen an die Kompressormodelle weckte der Spitzkühler. Die Karosserien überzeugten durch ausgewogene Proportionen und ruhige Eleganz. Die drei Vergaser und eine höhere Verdichtung ergaben 35 PS mehr Leistung als beim 300, das versprach ansehnliche Fahrleistungen. Der 300 S war bis 120 km/h 5,6 Sekunden schneller als der 300, und eine Höchstgeschwindigkeit von über 175 km/h war in jenen Jahren ein Traumwert. Der 300 S war das einzige Einheitspreis-Auto im Daimler-Benz Programm:
Alle drei Varianten kosteten DM 34 500.-. Gebaut wurden 216 Coupés, 203 Cabriolet A und 141 Roadster.

MERCEDES-BENZ 300 Sc

Chrom spielte im Design bei Daimler-Benz Mitte der Fünfziger eine große Rolle. So auch beim Übergang vom 300S zum 300Sc, der mit zahlreichen Zierelementen aufgewertet wurde. Die beiden Türen erhielten zusätzlich Ausstellfenster. Aber nicht nur Chromleisten unterscheiden den Sc vom S sondern auch geballte Technik. Der Motor hatte wie der 300 SL direkte Benzineinspritzung und Trockensumpfschmierung und leistete 25 PS mehr. Die Bremsen hatten breitere und verrippte Bremstrommeln, die Felgen Lüftungsschlitze.Der 300 Sc erhielt die Eingelenk-Pendelachse mit tief gelegtem Drehpunkt. Der Preis für alle Ausführungen betrug DM 36 500. Gebaut wurden 98 Coupés, 49 Cabriolet A und 53 Roadster.

TECHNISCHE DATEN

Modell:	**300 Sc (W 188 II)**
Bauzeit:	Coupé 09/12.1955 – 04.1958 Cabriolet A 01.1956 – 07.1957 Roadster 01.1956 – 02.1958
Motor:	M 199
Zylinderzahl:	6 in Reihe
Hubraum (cm³):	2996
Bohrung x Hub (mm):	85 x 88
Leistung (kW/PS):	129/175 bei 5400 1/min
Drehmoment (mkg):	26 bei 4300 1/min
Verdichtung:	8,55 : 1
Ventilsteuerung:	ohc, Antrieb durch Duplex-Kette, 2 Ventile
Gemischaufbereitung:	Direkteinspritzung durch Bosch Sechsstempelpumpe
Getriebe:	4-Gang-Schaltgetriebe mit Lenkradschaltung
Antriebs-Übersetzung:	4,44 : 1
Reifen v/h:	6,70 –15 extra
Räder v/h:	5 K x 15 -A
Bremse v/h:	Trommelbremsen mit Servounterstützung
Spurweite v/h (mm):	1480/1525
Radstand (mm):	2900
Maße (L x B x H(mm)):	4700 x 1860 x 1510
Leergewicht (kg):	1780
Beschleunigung 0–100:	keine Angaben
Höchstgeschw. (km/h):	180

TECHNISCHE DATEN

Modell:	**300 SL (W 198 I)**
Bauzeit:	08.1954 – 05.1957
Motor:	M 198 I
Zylinderzahl:	6 in Reihe
Hubraum (cm³):	2996
Bohrung x Hub (mm):	85 x 88
Leistung (kW/PS):	158/215 bei 5800 1/min
Drehmoment (mkg):	28 bei 4600 1/min
Verdichtung:	8,55 : 1
Ventilsteuerung:	ohc, Antrieb durch Duplexkette, 2 Ventile
Gemischaufbereitung:	Direkteinspritzung durch Bosch Sechsstempelpumpe
Getriebe:	4-Gang-Schaltgetriebe mit Mittelschaltung
Antriebs-Übersetzung:	3,64 : 1,
auf Wunsch	3,25 :1; 3,42 : 1; 3,89 :1; 4,11 :1
Reifen v/h:	6,50 –15 Supersport
Räder v/h:	5 K x 15 B
Bremse v/h:	Trommelbremsen mit Servounterstützung
Spurweite v/h (mm):	1385/1435
Radstand (mm):	2400
Maße (L x B x H(mm)):	4520 x 1790 x 1300
Leergewicht (kg):	1310
Beschleunigung 0–100:	9,3 s
Höchstgeschw. (km/h):	228 (Antriebsübersetzung 3,64 : 1)

1954 auf dem New Yorker Autosalon war er eine Weltsensation, der 300 SL Flügeltürer. Er prägte vor allem in den USA ein völlig neues »Mercedes-Bild«. Auf dem Gitterrohr-Rahmen des Renn-SL von 1952 aufbauend, mit seinem um 50 Grad nach links eingebauten Motor, hatte Friedrich Geiger eine hinreißend schöne Karosserie gezeichnet, die damals wie heute noch für »standing ovations« am Straßenrand sorgt. Eine Überraschung verbarg sich unter der Karosserie. Daimler-Benz präsentierte den ersten Serien-Viertakt-Benzin-Einspritzmotor der Welt. Mit einer Leistung von 215 PS war er 1954 der König der GT-Sportwagen. Der Preis betrug 1954 DM 29 000.-. Gebaut wurden 1400 Coupés, davon 29 mit einer leichteren Aluminium-Karosserie.

MERCEDES-BENZ 300 SL ROADSTER

Der 300 SL Roadster war die Cabriolet-Variante des Coupés. Die stark »gewöhnungsbedürftigen« Fahreigenschaften des Coupés im Grenzbereich wurden dem Roadster durch den Einbau der Eingelenk-Pendelachse mit tief liegendem Drehpunkt ausgetrieben. Technisch hat sich gegenüber dem Coupé, wenn man von der notwendigen Änderung des Gitterohrrahmens absieht, zunächst nichts geändert. Das abnehmbare Hardtop war ab Oktober 1958 lieferbar. Ab Anfang März 1961 wurden Scheibenbremsen und ab Februar 1962 ein Leichtmetall-Motorblock eingebaut.
Der Preis für den Roadster betrug DM 32 500.- plus DM 1 500.- für das Hardtop. 1858 Fahrzeuge wurden gebaut.

TECHNISCHE DATEN

Modell:	**300 SL (W 198 II) Roadster**
Bauzeit:	02/05.1957 – 02.1963
Motor:	M 198 I,
ab März 1962	M 198 III mit Alu-Kurbelgehäuse
Zylinderzahl:	6 in Reihe
Hubraum (cm³):	2996
Bohrung x Hub (mm):	85 x 88
Leistung (kW/PS):	158/215 bei 5800 1/min
Drehmoment (mkg):	28 bei 4600 1/min
Verdichtung:	8,55 : 1
Ventilsteuerung:	ohc, Antrieb durch Duplex-Kette, 2 Ventile
Gemischaufbereitung:	Direkteinspritzung durch Bosch Sechsstempelpumpe
Getriebe:	4-Gang-Schaltgetriebe mit Mittelschaltung
Antriebs-Übersetzung:	3.64 : 1,
auf Wunsch	3,25 : 1; 3,42 :1; 3,89 :1; 4,11 :1
Reifen v/h:	6,70 –15 Supersport
Räder v/h:	5½ K x 15B
Bremse v/h:	Trommelbremsen
ab März 1961	Scheibenbremsen
Spurweite v/h (mm):	1398/1448
Radstand (mm):	2400
Maße (L x B x H(mm)):	4570 x 1790 x 1300
Leergewicht (kg):	1420 Roadster, 1460 Hardtop-Coupé
Beschleunigung 0–100:	8,8 s
Höchstgeschw. (km/h):	221,5

TECHNISCHE DATEN

Modell:	**180 (W 120 B I)**
Bauzeit:	07.1953 – 06.1957
Motor:	M 136 VII
Zylinderzahl:	4 in Reihe
Hubraum (cm³):	1767
Bohrung x Hub (mm):	75 x 100
Leistung (kW/PS):	38/52 bei 4000 1/min
Drehmoment (mkg):	11,4 bei 1800 1/min
Verdichtung:	6,7 : 1
Ventilsteuerung:	sv, Nockenwellen-Antrieb durch Duplex-Kette, 2 Ventile
Gemischaufbereitung:	1 Fallstromvergaser Solex 32 PICB
Getriebe:	4-Gang-Schaltgetriebe mit Lenkradschaltung
Antriebs-Übersetzung:	3,89 : 1
Reifen v/h:	6,40 –13
Räder v/h:	4½ K x 13
Bremse v/h (mm):	Trommelbremsen
Spurweite v/h (mm):	1430/1475
Radstand (mm):	2650
Maße (L x B x H(mm)):	4485 x 1740 x 1560
Leergewicht (kg):	1180
Beschleunigung 0–100:	31 s
Höchstgeschw. (km/h):	126

Die Vorstellung des 180 im September 1953 wirkte auf große Teile der traditionellen Mercedes-Kunden wie eine Provokation. Mit der Einführung der selbsttragenden Pontonkarosserie fand Daimler-Benz wieder den Anschluß an den laufenden Standard. Zunächst mußte der 180 noch mit dem alten Triebwerk aus dem 170 S auskommen. Ansonsten konnte er alles besser als sein Vorgänger. Er war leichter, geräumiger, übersichtlicher und hatte eine bessere Straßenlage. Ab September 1955 erhielt er die Eingelenk-Pendelachse mit tief gelegtem Drehpunkt.
Der Preis betrug DM 9950.- (plus DM 45.- für Heizgebläse). 51 907 Limousinen und 279 Fahrgestelle wurden gebaut.

MERCEDES-BENZ 180 D

Der 180 D war das, was man im Jargon eine »cash cow« nennt. Er brachte Geld in die Kasse, denn er rannte unentwegt, beim Kunden und im Verkauf. Vom 170 DS wurde der Motor in den 180 eingebaut und die Hinterachse mit einer längeren Achsübersetzung versehen. Der 180 D begründete den Ruf des unverwüstlichen Diesel-PKW. Ab September 1955 erhielt er nicht nur 3 PS Mehrleistung, sondern auch die Eingelenk-Pendelachse, ab April 1958 die Ausstellfenster in den vorderen Türen. Bei Taxi- und Krankentransportunternehmen gehörte er zur Standardausrüstung. Trotz stolzer DM 10 300.- wurde er zum meist gebauten Auto der ganzen »Pontonreihe«. 114046 Fahrzeuge plus 2439 Fahrgestelle wurden gebaut.

TECHNISCHE DATEN

Modell:	**180 D (W 120 D I)**
Bauzeit:	10.1953/02.1954 – 07.1959
Motor:	OM 636 VII
Zylinderzahl:	4 in Reihe
Hubraum (cm³):	1767
Bohrung x Hub (mm):	75 x 100
Leistung (kW/PS):	30/40 bei 3200 1/min,
ab Sept.1955	32/43 bei 3500 1/min
Drehmoment (mkg):	10,3 bei 2000 1/min
Verdichtung:	19 : 1
Ventilsteuerung:	ohv, Nockenwellen-Antrieb durch Stirnräder, 2 Ventile
Gemischaufbereitung:	Vorkammereinspritzung durch Bosch Vierstempelpumpe,
Getriebe:	4-Gang-Schaltgetriebe mit Lenkradschaltung
Antriebs-Übersetzung:	3,70 : 1
Reifen v/h:	6,40 –13
Räder v/h:	4½ K –13
Bremse v/h:	Trommelbremsen
Spurweite v/h (mm):	1430/1475
Radstand (mm):	2650
Maße (L x B x H(mm)):	4485 x 1740 x 1560
Leergewicht (kg):	1220
Beschleunigung 0–100:	37,0 s
Höchstgeschw. (km/h):	112

TECHNISCHE DATEN

Modell:	**180 a (W 120 B II)**
Bauzeit:	06.1957– 07.1959
Motor:	M 121 B IV
Zylinderzahl:	4 in Reihe
Hubraum (cm³):	1897
Bohrung x Hub (mm):	85 x 83,6
Leistung (kW/PS):	48/65 bei 4500 1/min
Drehmoment (mkg):	13 bei 2200 1/min
Verdichtung:	6,8 : 1
Ventilsteuerung:	ohc, Antrieb durch Duplex-Kette, 2 Ventile
Gemischaufbereitung:	1 Fallstromvergaser Solex 32 PICB
Getriebe:	4-Gang-Schaltgetriebe mit Lenkradschaltung
Antriebs-Übersetzung:	3.90 : 1
Reifen v/h:	6,40 –13
Räder v/h:	4½ K x 13
Bremse v/h:	Trommelbremsen
Spurweite v/h (mm):	1430/1475
Radstand (mm):	2650
Maße (L x B x H(mm)):	4485 x 1740 x 1560
Leergewicht (kg):	1210
Beschleunigung 0–100:	20,5 s
Höchstgeschw. (km/h):	136

Mitte 1957 erschien der 180, so wie ihn sich die Kunden eigentlich von Anfang an gewünscht hatten. Mit dem Basismotor des 190 verfügte er über jenes Triebwerk, das dem Stand der damaligen Technik entsprach. Der einfachere Vergaser und die etwas niedrigere Verdichtung führten nur zu 65 PS, anstatt 75 PS beim 190. Gegenüber dem 190 hatte er eine längere Achsübersetzung. Der durchschnittliche Verbrauch lag um ca. einen Liter niedriger. Vom 180 unterschied sich der 180a zunächst durch die breitere Kühlermaske des 190. Ab 1958 erhielt er auch die Ausstellfenster in den vorderen Türen des 190. Der Preis betrug 1957 DM 8760.-. Es wurden 27155 Limousinen plus 198 Fahrgestelle gebaut.

MERCEDES-BENZ 180 b / 180 c

Im Herbst 1959 wurde der 180 im Zuge der Angleichung an die neu präsentierten 220er Modelle überarbeitet. Von außen fielen die niedrigere Kühlermaske, die geänderten Stoßstangen ohne Hörner und neue Rückleuchten auf. Im Innenraum wurden Erkenntnisse der Sicherheitsforschung realisiert: Lenkrad mit Polsterplatte, Armaturenanlage mit Sicherheitswülsten, elastische oder versenkte Bedienungselemente, beim Aufprall abfallender Innenspiegel und Doppelkeiltürschlösser. Vorne kamen die breiteren, verrippten Bremstrommeln des 190 zum Einsatz. Der Motor erhielt durch einen größeren Vergaser und höhere Verdichtung 3 PS mehr Leistung. Das Fahrzeug kostete DM 8700.-. 29 033 Limousinen und 382 Fahrgestelle wurden gebaut.

TECHNISCHE DATEN

Modell:	**180 b (W 120 B) [180 c (W 120 B IV)]**
Bauzeit:	07.1959 – 08.1961 [06.1961 – 10.1962]
Motor:	M 121 B IV b [M 121 B VIII]
Zylinderzahl:	4 in Reihe
Hubraum (cm³):	1897
Bohrung x Hub (mm):	85 x 83,6
Leistung (kW/PS):	50/68 bei 4400 1/min
Drehmoment (mkg):	13,2 bei 2500 1/min
Verdichtung:	7,0 : 1
Ventilsteuerung:	ohc, Antrieb durch Duplex-Kette, 2 Ventile
Gemischaufbereitung:	1 Fallstromvergaser Solex 34 PICB
Getriebe:	4-Gang-Schaltgetriebe mit Lenkradschaltung
Antriebs-Übersetzung:	3,90 : 1
Reifen v/h:	6,40-13
Räder v/h:	4½ K x 13
Bremse v/h:	Trommelbremsen,
auf Wunsch	Servohilfe
Spurweite v/h (mm):	1430/1475
Radstand (mm):	2650
Maße (L x B x H(mm)):	4500 x 1740 x 1560
Leergewicht (kg):	1210
Beschleunigung 0–100:	20,2 s
Höchstgeschw. (km/h):	136

TECHNISCHE DATEN

Modell:	**180 Db (W 120 D II) [180 Dc (W 120 D III)]**
Bauzeit:	07.1959 – 08.1961 [06.1961 – 11.1962]
Motor:	OM 636 VII [OM 621 IV]
Zylinderzahl:	4 in Reihe
Hubraum (cm³):	1767 [1988]
Bohrung x Hub (mm):	75 x 100 [87 x 83,6]
Leistung (kW/PS):	32/43 bei 3500 1/min [35/48 bei 3800 1/min]
Drehmoment (mkg):	10,3 bei 2000 1/min [11,0 bei 2200 1/min]
Verdichtung:	19 : 1 [21 : 1]
Ventilsteuerung:	ohv, Antrieb durch Stirnräder [ohc, Antrieb durch Duplex-Kette], 2 Ventile
Gemischaufbereitung:	Vorkammereinspritzung durch Bosch Einspritzpumpe,
Getriebe:	4-Gang-Schaltgetriebe mit Lenkradschaltung
Antriebs-Übersetzung:	3,70 : 1
Reifen v/h:	6,40 – 13
Räder v/h:	4½ K x 13
Bremse v/h:	Trommelbremsen
Spurweite v/h (mm):	1430/1475
Radstand (mm):	2650
Maße (L x B x H(mm)):	4485 x 1740 x 1560
Leergewicht (kg)	1220
Beschleunigung 0–100:	keine Angaben
Höchstgeschw. (km/h):	110

180 Db und Dc entsprachen äusserlich den Modellen 180 b und 180 c. Dem 180 Db blieb noch der alte OM 636 aus dem 170 D erhalten. Beim äußerlich unveränderten 180 Dc wurde der aus dem M 121 entwickelte OM 621 mit oben liegender Nokkenwelle in der auf zwei Liter erweiterten Ausführung eingebaut, der gegenüber dem 190 Dc von 55 PS auf 48 PS gedrosselt wurde. Vom 180 Db wurden 24 276 Limousinen und 400 Fahrgestelle gebaut. Vom 180 Dc wurden 11 600 Fahrzeuge und 222 Fahrgestelle gebaut. Beide Ausführungen kosteten bei ihrer Vorstellung DM 9450.-

MERCEDES-BENZ 190

Für den 190 war es 1956 höchste Zeit. Der Wettbewerb in Form der Borgward Isabella, aber auch des Opel Kapitän machten den Einsatz dieses Modells dringend erforderlich. Der Motor war eine vereinfachte Ausführung des Triebwerks, das im 190 SL angeboten wurde. Er war der erste moderne Vierzylinder-Motor von Daimler-Benz nach dem Krieg. Äußerlich wertete man die etwas pummelige Ponton-Karosserie der Vierzylindermodelle durch die Kühlermaske der Sechszylindertypen, Chromleisten unter Seitenfenstern und Heckscheibe, sowie Ausstellfenster in den vorderen Türen auf. Der 190 kostete 1956 DM 9450.-. Gebaut wurden 66 086 Limousinen plus 354 Fahrgestelle.

TECHNISCHE DATEN

Modell:	**190 (W 121 B I)**
Bauzeit:	03.1956 – 08.1959
Motor:	M 121 B I
Zylinderzahl:	4 in Reihe
Hubraum (cm^3):	1897
Bohrung x Hub (mm):	85 x 83,6
Leistung (kW/PS):	55/75 bei 4600 1/min
Drehmoment (mkg):	13,9 bei 2800 1/min
Verdichtung:	7,5 : 1
Ventilsteuerung:	ohc, Antrieb durch Duplex-Kette, 2 Ventile
Gemischaufbereitung:	1 Register Fallstromvergaser Solex 32 PAITA
Getriebe:	4-Gang-Schaltgetriebe mit Lenkradschaltung
Antriebs-Übersetzung:	4,10 : 1
Reifen v/h:	6,40 –13
Räder v/h:	$4^1/_2$ K x 13
Bremse v/h:	Trommelbremsen,
auf Wunsch	Servounterstützung
Spurweite v/h (mm):	1430/1475
Radstand (mm):	2650
Maße (L x B x H(mm)):	4485 x 1740 x 1560
Leergewicht (kg):	1240
Beschleunigung 0–100:	20 s
Höchstgeschw. (km/h):	139

TECHNISCHE DATEN

Modell:	**190 b (W 121 B III)**
Bauzeit:	06.1959 – 08.1961
Motor:	M 121 B I b
Zylinderzahl:	4 in Reihe
Hubraum (cm^3):	1897
Bohrung x Hub (mm):	85 x 83,6
Leistung (kW/PS):	59/80 bei 4800 1/min
Drehmoment (mkg):	14,2 bei 2800 1/min
Verdichtung:	8,5 : 1
Ventilsteuerung:	ohc, Antrieb durch Duplexkette, 2 Ventile
Gemischaufbereitung:	1 Register-Fallstromvergaser Solex 32 PAITA
Getriebe:	4-Gang-Schaltgetriebe mit Lenkradschaltung
Antriebs-Übersetzung:	4,10 : 1
Reifen v/h:	6,40 –13
Räder v/h:	4½ K x 13
Bremse v/h:	Trommelbremsen,
auf Wunsch	Servounterstützung
Spurweite v/h (mm):	1430/1475
Radstand (mm):	2650
Maße (L x B x H(mm)):	4500 x 1740 x 1560
Leergewicht (kg):	1240
Beschleunigung 0–100:	17,9 s
Höchstgeschw. (km/h):	144

1959 wurde auch der 190 im Zuge der Angleichung an die neu präsentierten 220er Modelle überarbeitet. Von außen fallen die niedrigere Kühlermaske, die geänderten Stoßstangen ohne Hörner und neue Rückleuchten auf. Im Innenraum wurden folgende Erkenntnisse der passiven Sicherheit umgesetzt: Lenkrad mit Polsterplatte, Armaturenanlage mit Sicherheitswülsten, elastische Zug- und Druckknöpfe, feststehende Vordersitzlehnen, versenkte Lichtschalter und Heizungsregulierung, beim Aufprall abfallender Innenspiegel und Doppelkeiltürschlösser. Beim Motor wurden Leistung, Drehmoment und Verdichtung erhöht. Der Verkaufspreis betrug 1959 DM 9450.-.
28 114 Fahrzeuge und 349 Fahrgestelle wurden gebaut.

MERCEDES-BENZ 190 D / 190 Db

Der im Oktober 1958 vorgestellte 190 D war von den Kunden dringend erwartet worden. Nun hatte auch der Diesel einen modernen Motor mit obenliegender Nockenwelle erhalten. Die Karosserie entsprach mit ihrer gehobeneren Ausstattung und ihrem äußerlichen Chromzierrat der des 190. Mit seinen 50 PS und Drehzahlen bis 4000 1/min wirkte der 190 D damals wie ein Rennpferd auf die beschaulicheres gewohnte Dieselklientel. DM 9950.- kostete der Einstieg in die Dieseloberklasse. 20 493 Limousinen und 136 Fahrgestelle wurden gebaut. Der 190 Db entsprach technisch und im Verkaufspreis dem 190 D. Optisch und im Innenraum erhielt er dieselben Modifikationen wie der 190 b. 60 598 Limousinen und 711 Fahrgestelle wurden gebaut.

TECHNISCHE DATEN

Modell:	**190 D (W 121 D I) [190 Db (W 121 D II)]**
Bauzeit:	08.1958–07.1959 [06.1959–09.1961]
Motor:	OM 621 I
Zylinderzahl:	4 in Reihe
Hubraum (cm³):	1897
Bohrung x Hub (mm):	85 x 83,6
Leistung (kW/PS):	37/50 bei 4000 1/min
Drehmoment (mkg):	11 bei 2200 1/min
Verdichtung:	21 : 1
Ventilsteuerung:	ohc, Antrieb durch Duplex-Kette, 2 Ventile
Gemischaufbereitung:	Vorkammereinspritzung durch Bosch Vierstempelpumpe
Getriebe:	4-Gang-Schaltgetriebe mit Mittelschaltung
Antriebs-Übersetzung:	3,70 : 1
Reifen v/h:	6,40 –13
Räder v/h:	4½ K x 13
Bremse v/h:	Trommelbremsen
Spurweite v/h (mm):	1430/1475
Radstand (mm):	2650
Maße (L x B x H(mm)):	4485 x 1740 x 1560 [4500 x 1740 x 1560]
Leergewicht (kg):	1250
Beschleunigung 0–100:	33 s
Höchstgeschw. (km/h):	120

TECHNISCHE DATEN

Modell:	**190 SL (W 121 B II)**
Bauzeit:	01/05.1955 – 02.1963
Motor:	M 121 B II,
ab August 1961	M 121 B IX
Zylinderzahl:	4 in Reihe
Hubraum (cm³):	1897
Bohrung x Hub (mm):	85 x 83,6
Leistung (kW/PS):	77/105 bei 5700 1/min
Drehmoment (mkg):	14,5 bei 3200 1/min
Verdichtung:	8,5 : 1,
ab September 1959	8,8 : 1
Ventilsteuerung:	ohc, Antrieb durch Duplex-Kette, 2 Ventile
Gemischaufbereitung:	2 Register-Horizontalvergaser Solex 44 PHH
Getriebe:	4-Gang-Schaltgetriebe mit Mittelschaltung
Antriebs-Übersetzung:	3,90 : 1
Reifen v/h:	6,40 –13 Sport
Räder v/h:	5 K x 13
Bremse v/h:	Trommelbremsen,
auf Wunsch	Servounterstützung,
ab Mai 1956	Servounterstützung serienmäßig
Spurweite v/h (mm):	1430/1475
Radstand (mm):	2400
Maße (L x B x H(mm)):	4220 x 1740 x1320
Leergewicht (kg):	1160 Roadster + 20 für Coupédach
Beschleunigung 0–100:	14,3 s
Höchstgeschw. (km/h):	170

Der 190 SL, von Max Hoffman initiiert und 1954 in New York präsentiert, stellte eine völlige Neuentwicklung dar. Lediglich die Bodengruppe wurde von einer für den 180 vorgesehene Cabriolet-Version übernommen. Der Erfolg, den der 190 SL über die Jahre hinweg hatte, bestätigte das Konzept des offenen Zweisitzers mit sportlichem Touch und Komfort als Ganzjahreswagen. Große Änderungen mußte der 190 SL im Laufe seiner Karriere nicht über sich ergehen lassen. Die gravierendste stellte die Einführung des Hardtops mit der Panorama-Heckscheibe im Oktober 1959 dar. Größere Heckleuchten und ein Griff auf dem Kofferraumdekkel waren dagegen Lappalien. Insgesamt wurden 25 881 Roadster und Coupés gebaut. Lieferbar war der 190 SL als Roadster für DM 16 500.-, als Coupé für DM 17 100.-, und als Coupé mit Roadsterverdeck für DM 17650.-

MERCEDES-BENZ 219

Als Gegenpol zu den preiswerten Sechszylinder-Modellen von Opel und Ford (UK) wurde in Untertürkheim den 219 entwickelt. An die bestehende Karosserie des 180/190 wurde der Sechszylinder-Motor des bisherigen 220 a gesetzt, und fertig war das Einstiegsmodell in die gehobene Welt der Sechszylinder. Der 219 war der typische Vertreter der heute gängigen »Sportlimou-sine«, wobei er den Vorteil hatte, äußerlich unauffällig zu sein. In der Beschleunigung war er dem 15 PS stärkeren und repräsentativeren 220 S gleichwertig, bewies aber bessere Handlichkeit. Im August 1957 wurde die Leistung um 5 PS erhöht. Von außen waren diese Modelle an der durchgehenden vorderen Stoßstange mit grösseren Hörnern und der geänderten Beleuchtung des hinteren Nummernschildes zu erkennen. Der Preis betrug DM 10 500.-. Gebaut wurden 27 842 Fahrzeuge und 3 Fahrgestelle.

TECHNISCHE DATEN

Modell:	**219 (W 105)**
Bauzeit:	03.1956 – 07.1959
Motor:	M 180 II
Zylinderzahl:	6 in Reihe
Hubraum (cm³):	2195
Bohrung x Hub (mm):	80 x 72,8
Leistung (kW/PS):	63/85 bei 4800 1/min,
ab August 1957	66/90 bei 4800 1/min
Drehmoment (mkg):	16 bei 2400 1/min,
ab August 1957	17 bei 2400 1/min
Verdichtung:	7,6 : 1,
ab August 1957	8,7 : 1
Ventilsteuerung:	ohc, Antrieb durch Duplex-Kette, 2 Ventile
Gemischaufbereitung:	1 Doppel-Fallstromvergaser Solex 32 PAATI
Getriebe:	4-Gang-Schaltgetriebe mit Lenkradschaltung,
ab Aug. 1957 auf Wunsch	Kupplungsautomat Hydrak
Antriebs-Übersetzung:	4,10 : 1,
ab August 1957	3,90 : 1
Reifen v/h:	6,40 –13
Räder v/h:	5 K x 13
Bremse v/h:	Trommelbremsen,
auf Wunsch	mit Servounterstützung
Spurweite v/h (mm):	1430/1470
Radstand (mm):	2750
Maße (L x B x H(mm)):	4680 x 1740 x 1560
Leergewicht (kg):	1290
Beschleunigung 0–100:	16,0 s
Höchstgeschw. (km/h):	148

TECHNISCHE DATEN

Modell:	**220 a (W 180 I)**
Bauzeit:	03./06.1954 – 04.1956
Motor:	M 180 II
Zylinderzahl:	6 in Reihe
Hubraum (cm³):	2195
Bohrung x Hub (mm):	80 x 72,8
Leistung (kW/PS):	59/80 bei 4800 1/min
Drehmoment (mkg):	16 bei 2400 1/min
Verdichtung:	7,6 : 1
Ventilsteuerung:	ohc, Antrieb durch Duplex-Kette, 2 Ventile
Gemischaufbereitung:	1 Doppel-Fallstromvergaser Solex 32 PAATI
Getriebe:	4-Gang-Schaltgetriebe mit Lenkradschaltung
Antriebs-Übersetzung:	4,11 : 1/4,10 : 1
Reifen v/h:	6,70 –13
Räder v/h:	5 K x 13
Bremse v/h:	Trommelbremsen,
ab September 1955	mit Servounterstützung
Spurweite v/h (mm):	1430/1470
Radstand (mm):	2820
Maße (L x B x H(mm)):	4715 x 1740 x 1560
Leergewicht (kg):	1300
Beschleunigung 0–100:	17,3 s
Höchstgeschw. (km/h):	150

Nur ein halbes Jahr, nachdem der 180 für Furore unter den traditionell eingestellten Kunden gesorgt hatte, wurde in Genf der »neue 220« präsentiert. Im Vergleich zu seinem Vorgänger bot er mehr Innenraum und bessere Fahrleistungen. Gewöhnungsbedürftig war der modische Tachometer mit seiner waagrechten Geschwindigkeitsanzeige. Die Straßenlage und das Handling wurden durch die neu eingeführte Eingelenk-Pendelachse mit tief gelegtem Drehpunkt und 13-Zoll-Räder erheblich verbessert. Dies führte prompt zu ersten Rallye-Erfolgen. Der Preis betrug DM 12 500.-. Das Gebläse für Heizung und Lüftung schlug mit einem Aufpreis von DM 40.- zu Buche. Gebaut wurden 25 937 Fahrzeuge.

MERCEDES-BENZ 220 S

Der 220 S war mit seinem Zweivergaser-Motor und 100 PS die Antwort auf den Wunsch nach mehr Leistung beim 220 a. Im August 1957 wurde die Leistung nochmals um 6 PS erhöht. Der Motor war an vier Punkten auf dem geänderten Fahrschemel gelagert. Von außen unterschied sich der 220S vom 220 a nur an der Chromleiste in der Sicke der vorderen Kotflügeln und Seitentüren zu erkennen, die Modelle 1957 an der durchgehenden vorderen Stoßstange mit größeren Hörnern und der geänderten Beleuchtung des hinteren Nummernschildes. Gegenüber dem 220 a war der Federungskomfort gestiegen, die Lenkung wurde indirekter, beim Bremsen tauchten die Wagen tief ein. Eine Bereicherung waren Coupé und Cabriolet A/C, die einen kürzeren Radstand hatten. Gebaut wurden 55 268 Limousinen und 11 Fahrgestelle, 2178 Cabriolets und 1251 Coupés. 1956 kostete die Limousine DM 12 500.-, das Cabriolet DM 21 500.- und das Coupé DM 21 800.-

TECHNISCHE DATEN

Modell:	**220 S (W 180 II)**
Bauzeit:	03.1956 – 08.1959, Cabriolet 07.1956 – 10.1959, Coupé 10.1956 – 10.1959
Motor:	M 180 III
Zylinderzahl:	6 in Reihe
Hubraum (cm³):	2195
Bohrung x Hub (mm):	80 x 72,8
Leistung (kW/PS):	74/100 bei 4800 1/min,
ab August 1957	78/106 bei 5200 1/min
Drehmoment (mkg):	16 bei 2400 1/min,
ab August 1957	17 bei 2400 1/min
Verdichtung:	7,6 : 1,
ab August 1957	8,7 : 1
Ventilsteuerung:	ohc, Antrieb durch Duplex-Kette, 2 Ventile
Gemischaufbereitung:	2 Fallstrom-Registervergaser Solex 32 PAITA
Getriebe:	4-Gang-Schaltgetriebe mit Lenkradschaltung,
ab Aug. 1957 auf Wunsch	Kupplungsautomat Hydrak
Antriebs-Übersetzung:	4,10 : 1
Reifen v/h:	6,70 –13 Sport
Räder v/h:	5 K x 13
Bremse v/h:	Trommelbremsen mit Servounterstützung
Spurweite v/h (mm):	1430/1470
Radstand (mm):	2820, 2700 Cabriolet A/C und Coupé
Maße (L x B x H(mm)):	4750 x 1740 x 1560,
Cabriolet A/C u. Coupé	4670 x 1765 x 1530
Leergewicht (kg):	1350, 1410 Coupé, 1450 Cabriolet A/C
Beschleunigung 0–100:	17 s
Höchstgeschw. (km/h):	160

TECHNISCHE DATEN

Modell:	**220 SE (W 128)**
Bauzeit:	Limousine 04/10.1958 – 08.1959, Cabriolet und Coupé 07/10.1958 – 11.1960
Motor:	M 127 I,
ab August 1959 für Coupé und Cabriolet	M 127 III
Zylinderzahl:	6 in Reihe
Hubraum (cm³):	2195
Bohrung x Hub (mm):	80 x 72,8
Leistung (kW/PS):	85/115 bei 4800 1/min
Drehmoment (mkg):	19 bei 3800 1/min
Verdichtung:	8,7 : 1
Ventilsteuerung:	ohc, Antrieb durch Duplex-Kette, 2 Ventile
Gemischaufbereitung:	Saugrohreinspritzung durch Bosch Zweistempelpumpe
Getriebe:	4-Gang-Schaltgetriebe mit Lenkradschaltung,
auf Wunsch	Kupplungsautomat Hydrak
Antriebs-Übersetzung:	4,10 : 1
Reifen v/h:	6,70 –13 Sport
Räder v/h:	5 K x 13
Bremse v/h:	Trommelbremsen mit Servunterstützung
Spurweite v/h (mm):	1430/1470
Radstand (mm):	2820, 2700 Cabriolet A/C und Coupé
Maße (L x B x H(mm)):	4750 x 1740 x 1560,
Cabriolet A/C u Coupé	4670 x 1765 x 1530
Leergewicht (kg):	1370, 1430 Coupé, 1470 Cabriolet
Beschleunigung 0–100:	14,4 s
Höchstgeschw. (km/h):	160

Der im Oktober 1958 präsentierte 220 SE war in seinem Äußeren von dem 220 S nicht zu unterscheiden. Er war die erste serienmäßige Gebrauchslimousine mit Viertaktmotor, die mit Benzineinspritzung geliefert wurde. Dieses Fahrzeug war gewissermaßen ein Versuchsträger für diese neu entwickelte Technik, die man in einem unspektakulären Auto in kleiner Serie erproben wollte, ehe man ein Jahr später mit dem neuen Modell 220 SE (W 111) groß einstieg. Coupé und Cabriolet wurden noch bis Ende 1960 gebaut, da ein Nachfolger aus der Baureihe 111 noch nicht zur Verfügung stand. Diese Parallele hatte es schon beim 220/220a gegeben.
Der Preis betrug für die Limousine DM 14 400.-, das Coupé und Cabriolet DM 23 400.-
Gebaut wurden 1974 Limousinen, 830 Coupés und1112 Cabriolets.

S-SV 111

MERCEDES-BENZ 190 c

Zwei Jahre nach den Sechszylindern kamen auch die Vierzylinder in den Genuß der neuen Plattform mit Heckflossen-Karosserie. Die Proportionen zwischen der Motorhaube und dem Rest der Karosserie ergaben keine harmonische Ausgewogenheit. Ab der Stirnwand entsprach der Karosseriekörper dem der Sechszylindermodelle. Die Zierelemente waren bis auf die Entlüftungskiemen in der C-Säule mit dem 220 b identisch. Die neue Karosserie bot eine Reihe von Vorteilen: Obwohl vom Raumvolumen eine Klasse größer, stieg das Gewicht nur um 20 kg. Auch der »kleinste« Mercedes-Benz PKW kam nun in den Genuß der von Barényi entwickelten Sicherheitskarosserie. Durch den deutlich günstigeren c_W-Wert der Karosserie war der 190 c schneller in Beschleunigung und Höchstgeschwindigkeit, bei gleichzeitig niedrigerem Verbrauch. 129 830 Limousinen und 1825 Fahrgestelle wurden gebaut. 1961 kostete der 190 c DM 9950.-.

TECHNISCHE DATEN

Modell:	**190 c (W 110 B I)**
Bauzeit:	04.1961 – 08.1965
Motor:	M 121 B V
Zylinderzahl:	4 in Reihe
Hubraum (cm³):	1897
Bohrung x Hub (mm):	85 x 83,6
Leistung (kW/PS):	59/80 bei 5000 1/min
Drehmoment (mkg):	14,5 bei 2500 1/min
Verdichtung:	8,7 : 1
Ventilsteuerung:	ohc, Antrieb durch Duplex-Kette, 2 Ventile
Gemischaufbereitung:	1 Fallstromvergaser Solex 34 PJCB
Getriebe:	4-Gang mit Lenkradschaltung,
auf Wunsch	4-Gang-Automatik mit hydraulischer Kupplung
Antriebs-Übersetzung:	1. Ausführung 4,10 : 1, 2. Ausführung 4,08 : 1
Reifen v/h:	7,00 –13
Räder v/h:	5 JK x 13
Bremse v/h:	Trommelbremsen
auf Wunsch	mit Servounterstützung,
ab August 1963	Zweikreisbremsen mit Servounterstützung, Scheiben-/Trommelbremsen
Spurweite v/h (mm):	1468/1485,
ab August 1963	1482/1485
Radstand (mm):	2700
Maße (L x B x H(mm)):	4730 x 1795 x 1495
Leergewicht (kg):	1280
Beschleunigung 0–100:	17,6 s Schaltgetriebe 18,2 s Automatikgetriebe
Höchstgeschw. (km/h):	152 Schaltgetriebe, 146 Automatikgetriebe

TECHNISCHE DATEN

Modell	**190 Dc (W 110 D I)**
Bauzeit	04/06 1961 – 08.1965
Motor	OM 621 III
Zylinderzahl	4 in Reihe
Hubraum (cm³)	1988
Bohrung x Hub (mm)	87 x 83,6
Leistung (kW/PS)	41/55 bei 4200 1/min
Drehmoment mkg	11,5 bei 2400 1/min
Verdichtung	21 : 1
Ventilsteuerung	ohc, Antrieb durch Duplex-Kette, 2 Ventile
Gemischaufbereitung	Vorkammereinspritzung durch Bosch Vierstempelpumpe
Getriebe	4-Gang mit Lenkradschaltung,
auf Wunsch	4-Gang Automatik mit hydraulischer Kupplung
Antriebs-Übersetzung	3,90 : 1, für den Export 4,10 : 1
Reifen v/h	7,00 –13
Räder v/h	5 JK x 13
Bremse v/h (mm)	Trommelbremsen auf Wunsch mit Servounterstützung,
ab August 1963	Zweikreisbremsen mit Servounterstützung, Scheiben-/Trommelbremsen
Spurweite v/h (mm)	1468/1485,
ab August 1963	1482/1485
Radstand (mm)	2700
Maße (L x B x H(mm))	4730 x 1795 x 1495
Leergewicht (kg)	1320
Beschleunigung 0–100	28,2 s
Höchstgeschw. (km/h)	133

Zeitgleich mit dem Benziner kam im August 1961 auch der 190 D in den Genuß der neuen Heckflossen-Karosserie. Positiv war die ungeheuere Raumfülle im Innen- und Kofferraum, die es bei den Nachfolgemodellen nie mehr gab. Der 190 Dc avancierte deshalb zum Lieblingsgefährt der Taxifahrer weltweit. Raumfülle, Sparsamkeit und Haltbarkeit gab es vergleichsweise sonst nirgends im globalen Angebot. Auch motorseitig gab es Änderungen: Durch Aufbohren um zwei Millimeter wurde der Hubraum auf zwei Liter erhöht, und die Leistung stieg um 5 PS. Ab Sommer 1963 wurde auf Wunsch, anstelle der Ausgleichsfeder an der Hinterachse, eine Zusatz-Luftfederung geliefert, die das Absinken des Hecks bei Beladung verhindert. 223 820 Limousinen und 1825 Fahrgestelle wurden gebaut. 1961 kostete der 190 Dc DM 10 450.-.

MERCEDES-BENZ 200

Der 200 war 1965 als »kleinster« Mercedes-Personenwagen ein modifizierter 190c. Von außen unterschied er sich vom 190 durch die unter den Scheinwerfern angebrachten Blinker. In der C-Säule hatten jetzt auch die Vierzylinder-Modelle die Entlüftungskiemen der großen Typen. Am Heck erhielten die Rückleuchten eine andere Form und waren von zwei über die ganze Breite laufenden Chromstäben eingerahmt. Im Innenraum wurde die Ausstattung den gehobenen Ansprüchen angepaßt. Der Motor bekam zwei Vergaser und eine fünffach gelagerte Kurbelwelle, die Bohrung wurde, wie beim Diesel schon 1961, um zwei Millimeter erweitert, so daß sich ein Hubraum von zwei Litern ergab. Gebaut wurden 69 789 Limousinen und 418 Fahrgestelle. Der Preis betrug 1965 DM 10 800.-

TECHNISCHE DATEN

Modell:	**200 (W 110 B II)**
Bauzeit:	07.1965 – 02.1968
Motor:	M 121 B XI
Zylinderzahl:	4 in Reihe
Hubraum (cm³):	1988
Bohrung x Hub (mm):	87 x 83,6
Leistung (kW/PS):	70/95 bei 5200 1/min
Drehmoment (mkg):	15,7 bei 3600 1/min
Verdichtung:	9,0 : 1
Ventilsteuerung:	ohc, Antrieb durch Duplex-Kette, 2 Ventile
Gemischaufbereitung:	2 Fallstromvergaser Solex 38 PDSI
Getriebe:	4-Gang mit Mittel-oder Lenkradschaltung,
auf Wunsch	4-Gang-Automatik mit hydaulischer Kupplung
Antriebs-Übersetzung:	4,08 : 1
Reifen v/h:	7,00 S 13
Räder v/h:	5 JK x 13
Bremse v/h:	Zweikreisbremse mit Servounterstützung, Scheiben-/Trommelbremsen
Spurweite v/h (mm):	1482/1485
Radstand (mm):	2700
Maße (L x B x H(mm)):	4730 x 1795 x 1495
Leergewicht (kg):	1310
Beschleunigung 0–100:	15,0 s Schaltgetriebe, 15,5 s Automatik
Höchstgeschw. (km/h):	161,5 Schaltgetriebe, 156,0 Automatik

TECHNISCHE DATEN

Modell:	**200 D (W 110 D II)**
Bauzeit:	07.1965 – 02.1968
Motor:	OM 621 VIII
Zylinderzahl:	4 in Reihe
Hubraum (cm³):	1988
Bohrung x Hub (mm):	87 x 83,6
Leistung (kW/PS):	41/55 bei 4200 1/min
Drehmoment (mkg):	11,5 bei 2400 1/min
Verdichtung:	21 : 1
Ventilsteuerung:	ohc, Antrieb durch Duplex-Kette, 2 Ventile
Gemischaufbereitung:	Vorkammereinspritzung durch Bosch Vierstempelpumpe,
Getriebe:	4-Gang mit Lenkrad- oder Mittelschaltung,
auf Wunsch	4-Gang-Automatikgetriebe mit hydraulischer Kupplung
Antriebs-Übersetzung:	3,92 : 1,
Kombi- und Krankenwagen	4,08 : 1
Reifen v/h:	7,00 – 13
Räder v/h:	5 JK x 13
Bremse v/h:	Zweikreisbremse mit Servounterstützung, Scheiben-/Trommelbremsen
Spurweite v/h (mm):	1482/1485
Radstand (mm):	2700
Maße (L x B x H(mm)):	4730 x 1795 x 1495
Leergewicht (kg):	1350 + 40 Automatik
Beschleunigung 0–100:	keine Angaben
Höchstgeschw. (km/h):	130

Wie schon bei den 190ern entfiel der Löwenanteil der gebauten Fahrzeuge auf den Diesel. Gegenüber dem 190 Dc war der 200 D an seinen unter den Scheinwerfern angeordneten vorderen Blinkern , den Entlüftungskiemen in den C-Säulen, sowie an den geänderten Rückleuchten zwischen zwei waagrechten Chromleisten zu erkennen. Den 200 D gab es für Taxi- und Hoteleinsätze in einer verlängerten Ausführung, die eine zweite Sitzreihe im Fond möglich machte. Der Motor erhielt eine fünffach gelagerte Kurbelwelle, welche die Laufruhe und die Lebensdauer nochmals erhöhte. Gebaut wurden 159 365 Limousinen, 233 Fahrgestelle und 283 Fahrgestelle in verlängerter Ausführung.
Der Preis für die Limousine betrug 1965 DM 11 500.-, für die Langversion bei ihrem Erscheinen DM 15 650.-.

Eine Schönheit war der 230 gewiß nicht, aber ein reizvolles Automobil. Reizvoll, weil es gelungen war, den Sechszylindermotor in die unscheinbare Karosserie mit der kürzeren Motorhaube der bisherigen Vierzylinder einzubauen. Von außen war der 230 vom 200 nicht zu unterscheiden. Innen war die spartanische Ausstattung des 230 durch die herausklappbare Mittelarmlehne im Fond aufgewertet. Der Motor glänzte durch Laufkultur, annehmbare Fahrleistungen und ungezügelte Trinksitten. Deshalb erhielt er nach einem Jahr die Vergaseranlage des 230 S und ebenfalls 120 PS. Das Fahrwerk war härter abgestimmt als bei den bisherigen Sechszylindern und führte zu agilerem Handling. Gebaut wurden 40 766 Limousinen, 341 Fahrgestelle und 406 Fahrgestelle in langer Ausführung. Damit fand der unscheinbare Wolf im Schafspelz fast so viele Käufer wie der attraktivere 230 S. Mit DM 11 950.- war der 230 ein ausgesprochen günstiges Angebot.

TECHNISCHE DATEN

Modell:	**230 (W 110 B II)**
Bauzeit:	07.1965 – 06.1966 [07.1966 – 02.1968]
Motor:	M 180 VI [M 180 X]
Zylinderzahl:	6 in Reihe
Hubraum (cm³):	2281
Bohrung x Hub (mm):	82 x 72,8
Leistung (kW/PS):	77/105 bei 5200 1/min [88/120 bei 5400 1/min]
Drehmoment (mkg):	17,7 bei 3600 1/min [18,2 bei 4000 1/min]
Verdichtung:	9,0 : 1
Ventilsteuerung:	ohc, Antrieb durch Duplex-Kette, 2 Ventile
Gemischaufbereitung:	2 Fallstromvergaser Solex 38 PDSI [2 Register-Fallstromvergaser Zenith 35/40 INAT]
Getriebe:	4-Gang mit Lenkrad- oder Mittelschaltung,
auf Wunsch	4-Gang-Automatik
Antriebs-Übersetzung:	4,08 : 1
Reifen v/h:	7,00 S 13
Räder v/h:	5 JK x 13
Bremse v/h:	Zweikreisbremse mit Servounterstützung, Scheiben-/Trommelbremsen
Spurweite v/h (mm):	1482/1485
Radstand (mm):	2700
Maße (L x B x H(mm)):	4730 x 1795 x 1495
Leergewicht (kg):	1350 + 40 für Automatik
Beschleunigung 0–100:	13,7 s [12,7 s]
Höchstgeschw. (km/h):	167,5 [176]

TECHNISCHE DATEN

Modell:	**220b (W 111/1)**
Bauzeit:	05/08.1959 – 08.1965
Motor:	M 180 IV
Zylinderzahl:	6 in Reihe
Hubraum (cm³):	2195
Bohrung x Hub (mm):	80 x 72,8
Leistung (kW/PS):	70/95 bei 4800 1/min
Drehmoment (mkg):	17,2 bei 3200 1/min
Verdichtung:	8,7 : 1
Ventilsteuerung:	ohc, Antrieb durch Duplex-Kette, 2 Ventile,
Gemischaufbereitung:	2 Fallstromvergaser Solex 34 PJCB
Getriebe:	4-Gang mit Lenkradschaltung,
ab Okt. 1964 auf Wunsch	Mittelschaltung,
ab Aug. 1962 auf Wunsch	4-Gang-Automatik-Getriebe
Antriebs-Übersetzung:	3,90 : 1
Reifen v/h:	6,70 – 13,
ab 1960	7,25 – 13
Räder v/h:	5 JK x 13
Bremse v/h:	Trommelbremsen,
auf Wunsch	mit Servounterstützung
ab August 1963	Zweikreisbremse mit Servounterstützung, Scheiben-/Trommelbremsen
Spurweite v/h (mm):	1470/1485,
ab August 1963	1482/1485
Radstand (mm):	2750
Maße (L x B x H(mm)):	4875 x 1795 x 1500
Leergewicht (kg):	1320 + 40 Automatik
Beschleunigung 0–100:	15,0 s
Höchstgeschw. (km/h):	157

Der 220 b war 1959 als Nachfolger des 219 das Einsteigermodell in die Welt der Sechszylinder bei Daimler-Benz. Dabei konnte er alles besser als dieser, angefangen von der Sicherheitskarosserie, über das Raumangebot, den Federungskomfort bis hin zu den Fahrleistungen. Der Clou war die von Barényi entwickelte und patentierte Sicherheitskarosserie mit steifer Fahrgastzelle und verformbarer Front- und Heckpartie. Auch innen zollte man dem Sicherheitsgedanken Tribut. Die Form mit angedeuteter Panoramascheibe und Heckflossen folgte dem Zeitgeschmack zaghaft. Gegenüber dem 220 S/SE hat die Karosserie weniger Chromzierat, im Heckbereich einfache Stoßstangen und geänderte Heckleuchten. Der damals sehr niedrige c_W-Wert von 0,411 sorgte für gute Fahrleistungen. 69 688 Limousinen und 3 Fahrgestelle wurden gebaut. Der Preis betrug 1959 DM 11 500.-.

MERCEDES-BENZ 220 Sb

Der 220 S (W 111) hatte gegenüber seinem Vorgänger aus der Pontongeneration entscheidende Vorteile. Die Karosserie war grösser, sicherer, strömungsgünstiger aber kaum schwerer, Fahrkomfort und Handlingeigenschaften hatten sich nochmal verbessert. Die Fahrleistungen erreichten 1959 die Werte reinrassiger Sportwagen. Äußerlich unterscheiden sich 220 Sb und SEb vom 220 b durch die doppelten Chromleisten am Lufteinlaß, die Chromleisten auf der »Heckflosse«, die doppelten Heckstoßstange, die üppigeren Heckleuchten und die verchromten, gelochten Radzierringe. Die Mehrleistung zwischen 220 b und 220 Sb beruhte auf dem Einsatz von zwei Registervergasern. Servolenkung, vordere Scheibenbremsen und Automatikgetriebe wurden später auf Wunsch lieferbar. Ab Mitte 1963 konnte die hintere Ausgleichfeder durch eine Zusatzluftfeder ersetzt werden, sie vermied das Absinken des Hecks. Der 220 Sb war mit 161 119 gebauten Autos der Hit unter den Sechszylindern und kostete 1959 DM 13 250.-

TECHNISCHE DATEN

Modell:	**220 Sb (W 111/2)**
Bauzeit:	05/08.1959 – 07.1965
Motor:	M 180 V
Zylinderzahl:	6 in Reihe
Hubraum (cm³):	2195
Bohrung x Hub (mm):	80 x 72,8
Leistung (kW/PS):	81/110 bei 5000 1/min
Drehmoment (mkg):	17,5 bei 3500 1/min
Verdichtung:	8,7 : 1
Ventilsteuerung:	ohc, Antrieb durch Duplex-Kette, 2 Ventile
Gemischaufbereitung:	2 Register-Fallstromvergaser Solex 34 PAITA,
ab Juli 1963	2 Register-Fallstromvergaser Zenith 35/40 INAT
Getriebe:	4-Gang mit Lenkradschaltung,
ab Okt. 1964 auf Wunsch	Mittelschaltung,
ab Aug. 1962 auf Wunsch	4-Gang-Automatik-Getriebe
Antriebs-Übersetzung:	4,10 :
Reifen v/h:	6,70 –13 Sport,
ab 1960	7,25 –13
Räder v/h:	5 JK x 13
Bremse v/h:	Trommelbremsen,
auf Wunsch	mit Servounterstützung,
ab April 1962	Scheiben-/Trommelbremsen,
ab August 1963	Zweikreisbremse
Spurweite v/h (mm):	1470/1485,
ab April 1962	1482/1485
Radstand (mm):	2750
Maße (L x B x H(mm)):	4875 x 1795 x 1500
Leergewicht (kg):	1350 + 40 Automatikgetriebe
Beschleunigung 0–100:	15,0 s Solex-Vergaser, 13,5 s Zenith-Vergaser
Höchstgeschw. (km/h):	165 Solex-Vergaser, 170 Zenith-Vergaser

TECHNISCHE DATEN

Modell:	**220 SEb (W 111/3)**
Bauzeit:	08.1959 – 08.1965
Motor:	M 127 III
Zylinderzahl:	6 in Reihe
Hubraum (cm³):	2195
Bohrung x Hub (mm):	80 x 72,8
Leistung (kW/PS):	88,24/120 bei 4800 1/min
Drehmoment (mkg):	19,3 bei 3900 1/min
Verdichtung:	8,7 : 1
Ventilsteuerung:	ohc, Antrieb durch Duplex-Kette, 2 Ventile
Gemischaufbereitung:	Saugrohreinspritzung durch Bosch Zweistempelpumpe
Getriebe:	4-Gang mit Lenkradschaltung,
ab Okt. 1964 auf Wunsch	Mittelschaltung,
ab April 1961 auf Wunsch	4-Gang-Automatik-Getriebe
Antriebs-Übersetzung:	4,10 : 1
Reifen v/h:	6,70 –13 Sport,
ab 1960	7,25 –13 Sport
Räder v/h:	5 JK x 13
Bremse v/h:	Trommelbremsen mit Servounterstützung,
ab April 1962	Scheiben-/Trommelbremsen,
ab August 1963	Zweikreisbremse
Spurweite v/h (mm):	1470/1485,
ab April 1962	1482/1485
Radstand (mm):	2750
Maße (L x B x H(mm)):	4875 x 1795 x 1500
Leergewicht (kg):	1380
Beschleunigung 0–100:	12,1 s
Höchstgeschw. (km/h):	174

Bei seinem Erscheinen war der SEb der »blue chip« unter den 111ern. In der Ausstattung entsprach er genau dem 220 Sb. Sein Sahnestück war der Motor, der alles noch besser konnte als der gewiß nicht schlechte Vergasermotor. Der SE hatte im oberen Drehzahlbereich mehr Leistung und bei niedrigen Drehzahlen mehr Drehmoment als die Vergaserversion, und das ganze bei niedrigerem Verbrauch. Mit diesem Fahrzeug wurde 1960 das Team Schock/Moll und 1962 Eugen Böhringer auf dem 220 SE Rallye-Europameister wurden. Gebaut wurden insgesamt 66 086 Limousinen.
Der Preis betrug DM 14 950.-.

MERCEDES-BENZ 230 S

Der 230 S war der äußerlich völlig identische Nachfolger des 220 S. Im Innenraum war er nüchterner, da aus Kostengründen Holzverkleidungen durch solche aus Kunststoff, wie bei den Vierzylindern, ersetzt wurden. Der Motor erhielt den Motorblock des 230 SL mit 2 Millimeter größerer Bohrung. In der Leistung entsprach er dem 220 SE, in den Fahrleistungen war er diesem sogar leicht überlegen. Das Fahrwerk wurde durch den hydropneumatischen Niveauausgleich, der das Absinken des Hecks bei voller Beladung verhinderte, aufgewertet. Gebaut wurden 40 766 Fahrzeuge und 341 Fahrgestelle. Der 230 S kostete 1965 DM 14 000.-.

TECHNISCHE DATEN

Modell:	**230 S (W 111/I A)**
Bauzeit:	07.1965 – 01.1968
Motor:	M 180 VIII
Zylinderzahl:	6 in Reihe
Hubraum (cm^3):	2281
Bohrung x Hub (mm):	82 x 72,8
Leistung (kW/PS):	88,24/120 bei 5400 1/min
Drehmoment (mkg):	18,2 bei 4000 1/min
Verdichtung:	9,0 : 1
Ventilsteuerung:	ohc, Antrieb durch Duplex-Kette, 2 Ventile
Gemischaufbereitung:	2 Register-Fallstromvergaser Zenith 35/40 INAT
Getriebe:	4-Gang mit Lenkrad- oder Mittelschaltung,
auf Wunsch	4-Gang-Automatikgetriebe
Antriebs-Übersetzung:	4.08 : 1
Reifen v/h:	7,25 S 13
Räder v/h:	5 JK x 13
Bremse v/h):	Zweikreisbremse mit Servounterstützung, Scheiben-/Trommelbremsen
Spurweite v/h (mm):	1482/1485
Radstand (mm):	2750
Maße (L x B x H (mm)):	4875 x 1795 x 1500
Leergewicht (kg):	1410 + 40 für Automatik
Beschleunigung 0–100:	12,1 s Schaltgetriebe, 15,1 s Automatik
Höchstgeschw. (km/h):	176,0 Schaltgetriebe, 174,0 Automatik

TECHNISCHE DATEN

Modell:	**300 SE (W 112/3) [300 SE lang (W 112/3)]**
Bauzeit:	04.1961 – 07.1965 [12.1962/03.1963 – 08.1965
Motor:	M 189 III,
ab Januar 1964	M 189 V
Zylinderzahl:	6 in Reihe
Hubraum (cm³):	2996
Bohrung x Hub (mm):	85 x 88
Leistung (kW/PS):	118/160 bei 5000 1/min,
ab Januar 1964	125/170 bei 5400 1/min
Drehmoment (mkg):	25,6 bei 3800 1/min [25,4 bei 4000 1/min]
Verdichtung:	8,7 : 1 [8,8 : 1]
Ventilsteuerung:	ohc, Antrieb durch Duplex-Kette 2 Ventile
Gemischaufbereitung:	Saugrohreinspritzung durch Bosch Zweistempelpumpe [Sechsstempelpumpe]
Getriebe:	4-Gang-Automatik mit Lenkradschaltung,
ab 1963 auf Wunsch auch	Schaltgetriebe mit Lenkrad- oder Mittelschaltung
Antriebs-Übersetzung:	4,10 : 1
ab 1963 auch	3,92 : 1 und 3,75 : 1
Reifen v/h:	7,50 H 13
Räder v/h:	5½ JK x 13
Bremse v/h:	Zweikreis-Scheibenbremsen mit Servounterstützung
Spurweite v/h (mm):	1482/1490
Radstand (mm):	2750 [2850]
Maße (L x B x H (mm)):	4875 x 1795 x 1455
Leergewicht (kg):	1580 + 40 Automatik [1630 + 40 Automatik]
Beschleunigung 0–100:	9,9 s Schaltgetriebe (160 PS); 11,2 s Automatik (160 PS) [9,8 s (170 PS)]
Höchstgeschw. (km/h):	184 Schaltgetriebe (160 PS); 176,5 Automatik (160 PS) [203 (170 PS)]

Der 300 SE (W 112) war als Topmodell der Baureihe gedacht, nie als Ablösung des ehemaligen 300. Servolenkung, Automatikgetriebe, Luftfederung und Zweikreis-Bremssystem waren serienmäßig. Der Leichtmetall-Motor hatte zunächst 160 PS und wurde im Januar 1964 durch geänderte Steuerzeiten, Sechsstempel-Einspritzpumpe und Doppelrohr-Auspuffanlage auf 170 PS gebracht. Mit der längsten Achsübersetzung und dem auf Wunsch lieferbaren Schaltgetriebe konnte die magische Grenze von 200 km/h überschritten werden. 1963 und 1964 gewann Eugen Böhringer mehrere internationale Rallyes mit dem 300 SE. Äußerlich kennzeichneten den 300 SE eine Reihe von zusätzlichen Chromleisten. Die Lang-Version des 300 SE ist an den fehlenden Entlüftungskiemen in der C-Säule zu identifizieren. Vom 300 SE wurden 5202 und vom 300 SE lang 1546 Fahrzeuge gebaut. Der 300 SE kostete 1962 DM 24 150.-. Der Aufpreis für die lange Version betrug DM 3300.-.

MB 600

MERCEDES-BENZ 220 SE COUPÉ / CABRIOLET

Coupé und Cabriolet der Baureihe 111 gehören zu den schönsten und zeitlosesten PKW-Modellen der Daimler-Benz AG. Stilistisch dienten sie als Vorbild für den Nachfolger der Heckflossen-Limousine und wurden bis Anfang der 70er Jahre gebaut. Im Gegensatz zum Vorgänger basieren die beiden Zweitürer auf der ungekürzten, allerdings verstärkten, Bodengruppe der Limousine. Bei der Gestaltung der Karosserie wurde kein Blechteil der Limousine übernommen. Lediglich die Kühlermaske und die Leuchteinheiten entsprechen der Limousine. Das Cabriolet erhielt eine größere Reifendimension. Es wurden 14 173 Coupés und 2729 Cabriolets gebaut. Der Preis für das Coupé betrug DM 23 500.-, für das Cabriolet DM 25 500.-.

TECHNISCHE DATEN

Modell:	**220 SEb Coupé (W 111/3)** **[220 SEb Cabriolet (W 111/3)]**
Bauzeit:	09.1960/02.1961 – 10.1965 [09.1961 – 10.1965]
Motor:	M 127 V
Zylinderzahl:	6 in Reihe
Hubraum (cm³):	2195
Bohrung x Hub (mm):	80 x 72,8
Leistung (kW/PS):	88,24/120 bei 1/min
Drehmoment (mkg):	19,3 bei 3900 1/min
Verdichtung:	8,7 : 1
Ventilsteuerung:	ohc, Antrieb durch Duplex-Kette, 2 Ventile,
Gemischaufbereitung:	Saugrohreinspritzung durch Bosch Zweistempelpumpe
Getriebe:	4-Gang mit Mittelschaltung,
auf Wunsch	4-Gang-Automatik
Antriebs-Übersetzung:	4,10 : 1
Reifen v/h:	7,25 –13 Sport [7,50 –13 Sport]
Räder v/h:	5 JK x 13 [5½ JK x 13]
Bremse v/h:	Scheiben-/Trommelbremsen mit Servounterstützung,
ab August 1963	Zweikreisbremse
Spurweite v/h (mm):	1482/1485
Radstand (mm):	2750
Maße (L x B x H (mm)):	4880 x 1845 x 1445
Leergewicht (kg):	1450 [1520]
Beschleunigung 0–100:	14,0 s
Höchstgeschw. (km/h):	171,4

Im Herbst 1965 löste der 250 SE den 220 SE in allen Karosserie-Varianten ab. Während sich die Limousine auch stilistisch in deutlich geänderter Form präsentierte, entsprachen Coupé und Cabriolet bis auf den Motor, die 14-Zoll-Räder, und die größeren Bremsen, dem 220 SE. Bei dem neuen 2,5-Liter-Motor waren die Bohrung um zwei Millimeter und der Hub um sechs Millimeter erhöht worden. Neu waren die Sechsstempel-Einspritzpumpe, der Öl-Wasser-Wärmetauscher und die siebenfach gelagerte Kurbelwelle. Die Hinterachse mit hydropneumatischem Niveauausgleich wurde ebenfalls von der Limousine übernommen. Gebaut wurden 5259 Coupés und 954 Cabriolets. Die Preise betrugen 1965 für das Coupé DM 24 350.- und für das Cabriolet DM 26 350.-.

TECHNISCHE DATEN

Modell:	**250 SE Coupé (W 111/III A)** **[250 SE Cabriolet (W 111/III A)]**
Bauzeit:	08.1965 – 12.1967 [08.1965 – 12.1967]
Motor:	M 129 II, ab April 1966 M 129 I
Zylinderzahl:	6 in Reihe
Hubraum (cm^3):	2496
Bohrung x Hub (mm):	82 x 78,8
Leistung (kW/PS):	110,3/150 bei 5500 1/min
Drehmoment (mkg):	22,0 bei 4200 1/min
Verdichtung:	9,3 : 1, ab 1967: 9,5 : 1
Ventilsteuerung:	ohc, Antrieb durch Duplex-Kette, 2 Ventile,
Gemischaufbereitung:	Saugrohreinspritzung durch Bosch Sechsstempelpumpe
Getriebe:	4-Gang mit Mittelschalthebel,
auf Wunsch	4-Gang-Automatik mit Lenkrad- oder Mittelschaltung
Antriebs-Übersetzung:	3,92 : 1
Reifen v/h:	7,35 H 14 oder 185 H 14
Räder v/h:	6 J x 14
Bremse v/h:	Zweikreis-Scheibenbremsen mit Servounterstützung
Spurweite v/h (mm):	1482/1485
Radstand (mm):	2750
Maße (L x B x H (mm)):	4880x1845x1420
Leergewicht (kg):	1490 [1575] + 40 Automatik
Beschleunigung 0–100:	11,0 s [11.3 s]
Höchstgeschw. (km/h):	190

MERCEDES-BENZ 300 SE COUPÉ / CABRIOLET

300 SE Coupé und Cabriolet unterschieden sich äußerlich in der Serienausführung von den 2,2-Liter-Modellen durch Chromleisten in den Längssicken und an den Radausschnitten. Im August 1965 erhielten auch die Coupés und die Cabriolets die 14-Zoll-Bereifung der Limousinenbaureihe W 108/109. Ansonsten war derselbe Antriebsstrang und das Luftfeder-Fahrwerk wie im W 112 eingebaut. Das änderte sich auch nicht, als die 300 SE Limousinen W 108 ausschließlich Stahlfederung hatten.
Es wurden 2419 Coupés und 708 Cabriolets gebaut.
Der Preis für das Coupé betrug DM 31 350.-, für das Cabriolet DM 33 350.-.

TECHNISCHE DATEN

Modell:	**300 SE Coupé (W 112/3)** **[300 SE Cabriolet (W 112/3)]**	
Bauzeit:	02.1962 – 12.1967	
Motor:		M 189 IV,
ab Januar 1964		M 189 VI
Zylinderzahl:		6 in Reihe
Hubraum (cm³):		2996
Bohrung x Hub (mm):		85 x 88
Leistung (kW/PS):		118/160 bei 5000 1/min,
ab Januar 1964		125/170 bei 5400 1/min
Drehmoment mkg:		25,6 bei 3800 1/min,
ab Januar 1964		25,4 bei 4000 1/min
Verdichtung:		8,7 : 1; ab Januar 1964: 8,8 : 1
Ventilsteuerung:		ohc, Antrieb durch Duplex-Kette, 2 Ventile,
Gemischaufbereitung:		Saugrohreinspritzung durch Bosch Zweistempelpumpe,
ab Januar 1964		Sechsstempelpumpe
Getriebe:		4-Gang-Automatik mit Lenkradschaltung,
ab 1963 auf Wunsch		Schaltgetriebe mit Lenkrad- oder Mittelschaltung
Antriebs-Übersetzung:		4,10 : 1,
ab 1963 auch		3,92 : 1 oder 3,75 : 1,
ab 1965 auch		3,92 : 1 oder 3,69 : 1
Reifen v/h:		7,50 H 13,
ab August 1965		7,75 H 14
Räder v/h:		$5^1/_2$ JK x 13,
ab August 1965		6 J x 14
Bremse v/h:		Zweikreis-Scheibenbremsen
Spurweite v/h (mm):		1482/1490
Radstand (mm):		2750
Maße (L x B x H (mm)):		4880 x 1845 x 1400
Leergewicht (kg):		1600, ab August 1965: 1650 [1700, ab August 1965: 1715] Automatik + 40
Beschleunigung 0–100:		9,9 s ab Januar 1964 9,8 s
Höchstgeschw. (km/h):		184 ab Januar 1964 203

MERCEDES-BENZ 280 SE COUPÉ / CABRIOLET

TECHNISCHE DATEN

Modell:	**280 SE Coupé (W 111 E 28)** **[280 SE Cabriolet (W 111 E 28)]**
Bauzeit:	11.1967/02.1968 – 05.1971
Motor:	M 130 E 28
Zylinderzahl:	6 in Reihe
Hubraum (cm³):	2778
Bohrung x Hub (mm):	86,5 x 78,8
Leistung (kW/PS):	118/160 bei 5500 1/min
Drehmoment (mkg):	24,4 bei 4250 1/min
Verdichtung:	9,5 : 1
Ventilsteuerung:	ohc, Antrieb durch Duplex-Kette, 2 Ventile
Gemischaufbereitung:	Saugrohreinspritzung durch Bosch Sechsstempelpumpe
Getriebe:	4-Gang mit Mittelschaltung,
auf Wunsch	4-Gang-Automatik mit Lenkrad- oder Mittelschaltung
Antriebs-Übersetzung:	3,92 : 1
Reifen v/h:	185 H 14
Räder v/h:	6 J x 14 HB
Bremse v/h:	Zweikreis-Scheibenbremsen
Spurweite v/h (mm):	1482/1485
Radstand (mm):	2750
Maße (L x B x H (mm)):	4880 x 1845 x 1420 [4880 x 1845 x 1435]
Leergewicht (kg):	1540 + 40 Automatik [1615 + 40 Automatik]
Beschleunigung 0–100:	10,5 s Schaltgetriebe, 11,2 s Automatik
Höchstgeschw. (km/h):	190 Schaltgetriebe, 185 Automatik

280 SE Coupé und Cabriolet unterscheiden sich vom 250 SE äußerlich durch das Kühlergitter mit größeren Würfeln und gelochte Radzierblenden. Der Motor wurde grundlegend überarbeitet und hatte gleichmäßige Zylinderabstände, welche die größere Bohrung ermöglichten. Dadurch entfielen die Wassermäntel um die Zylinderpaare. Die Kühlung der Brennraumzonen erfolgte durch Kühlschlitze zwischen den einzelnen Zylindern. Das Lenkrad erhielt zur Prallplatte einen Pralltopf und eine teleskopartig verschiebbare Lenksäule. Das Gehäuse der Armaturen war beim 280 SE Coupé/Cabriolet mit Leder überzogen. 3797 Coupés und 1390 Cabriolets wurden gebaut. Das Coupé kostete DM 26 510.-, das Cabriolet DM 28 510.-.

MERCEDES-BENZ 280 SE 3.5 Coupé / Cabriolet

Zur IAA 1969 erweiterte Daimler-Benz die klassisch schöne Coupé-Cabriolet-Baureihe um eine Variante mit Achtzylinder-Motor. Der 200 PS starke 3,5-Liter-V8 wurde zeitgleich auch in der Limousine 300 SEL 3.5 eingeführt und ermöglichte überzeugende Fahrleistungen. Im Rahmen einer dezenten Modellpflege erhielten die V8-Coupés und Cabriolets, wie auch die weiter lieferbaren Sechszylindermodelle, eine modifizierte Motorhaube mit flacherer Kühlermaske. Bei beiden Karosserie-Ausführungen der V8-Variante war die Servolenkung serienmäßig, beim Cabriolet auch das Automatik-Getriebe. Gebaut wurden 3270 Coupés und 1232 Cabriolets. Die Preise betrugen für das Coupé DM 30 636.-, für das Cabriolet DM 34 133.-.

TECHNISCHE DATEN

Modell:	**280 SE 3.5 Coupé (W 111 E 35/1)** **[280 SE 3.5 Cabriolet (W 111 E 35/1)]**
Bauzeit:	08.1969/11.1969 – 05.1971
Motor:	M 116 E 35
Zylinderzahl:	V8
Hubraum (cm³):	3499
Bohrung x Hub (mm):	92 x 65,8
Leistung (kW/PS):	147/200 bei 5800 1/min
Drehmoment (mkg):	29,2 bei 4000 1/min
Verdichtung:	9,5 : 1
Ventilsteuerung:	ohc je Zylinderbank, Antrieb durch Duplex-Kette, 2 Ventile
Gemischaufbereitung:	Elektronische Saugrohreinspritzung durch Bosch D-Jetronic
Getriebe:	4-Gang mit Mittelschaltung,
auf Wunsch	4-Gang-Automatik, Lenkrad- oder Mittelschaltung
Antriebs-Übersetzung:	3,46 : 1
Reifen v/h:	185 VR 14
Räder v/h:	6 J x 14 HB
Bremse v/h:	Zweikreis-Scheibenbremsen
Spurweite v/h (mm):	1482/1485
Radstand (mm):	2750
Maße (L x B x H (mm)):	4905 x 1845 x 1405 [4905 x 1845 x 1420]
Leergewicht (kg):	1630 + 40 Automatik [1710 + 40 Automatik]
Beschleunigung 0–100:	9,0 s mit Schaltgetriebe, 9,5 s mit Automatik
Höchstgeschw. (km/h):	210 mit Schaltgetriebe, 205 mit Automatik

TECHNISCHE DATEN

Modell:	**600 (W 100) [600 Pullman (W 100)]**
Bauzeit:	07.1963/09.1964 – 06.1981
Motor:	M 100
Zylinderzahl:	V8
Hubraum (cm³):	6330
Bohrung x Hub (mm):	103 x 95
Leistung (kW/PS):	184/250 bei 4000 1/min
Drehmoment (mkg):	51 bei 2800 1/min
Verdichtung:	9,0 : 1
Ventilsteuerung:	ohc je Zylinderbank, Antrieb durch Duplex-Kette, 2 Ventile
Gemischaufbereitung:	Saugrohreinspritzung durch Bosch Achtstempelpumpe
Getriebe:	4-Gang-Automatik mit hydraulischer Kupplung
Antriebs-Übersetzung:	3,23 : 1
Reifen v/h:	9,00 H 15 Supersport 6 ply
Räder v/h:	6½ J x 15 H
Bremse v/h:	Zweikreis-Scheibenbremsen mit Überdruck-Servounterstützung
Spurweite v/h (mm):	1587/1581
Radstand (mm):	3200 [3900]
Maße (L x B x H (mm)):	5450 x 1950 x 1500; [6240 x 1950 x 1510]
Leergewicht (kg):	2600 [2770]
Beschleunigung 0–100:	9,3 s [9,9 s]
Höchstgeschw. (km/h):	205 [205]

Der 600 verfügte angesichts seines Gewichts von bis zu drei Tonnen über bestechende Fahr- und Federungseigenschaften und war seinen Wettbewerbern weit überlegen. Großen Anteil daran hatte die Luftfederung. Die Bremsen hatten ein Überdruck-Servosystem, die vorderen Bremsscheiben verfügten über je zwei Bremszangen. Zur Bedienungserleichterung wurde eine sehr aufwendige Komforthydraulik entwickelt. Eine Neuentwicklung war der riesige 6,3-Liter-V8-Motor. Gebaut wurden 2190 Limousinen, 428 Pullman-Limousinen (davon 124 6-türige) und 59 Landaulets. Der 600 kostete 1963 DM 56 500.-, im Dezember 1978 DM 144 100.-, die Pullman-Limousine lag im gleichen Zeitraum zwischen DM 63 500.- und DM 165 500.-.

MERCEDES-BENZ 230 SL / 250 SL / 280 SL

Der im März 1963 vorgestellte 230 SL ersetzte den 190 SL und den 300 SL. Er war der erste Sportwagen der Welt, der mit einer Sicherheitskarosserie, einer steifen Fahrgastzelle mit vorderer und hinterer Knautschzone ausgestattet war. Aufgrund der charakteristischen konkaven Form seines Hardtops erhält er später auch die Bezeichnung »Pagoden-SL«. Anfang 1967 erschien der hubraumstärkere 250 SL, dessen Motor bei unveränderter Leistung eine nun fünffach gelagerte Kurbelwelle aufwies. Außerdem wurde ein größerer Tank und hintere Scheibenbremsen eingebaut. Neben Roadster und Roadster mit Hardtop war eine dritte Karosserievariante lieferbar: der California Roadster mit Hardtop, aber ohne Softtop. Der 250 SL »tanzte nur einen Sommer«: Bereits im Januar 1968 wurde der 280 SL präsentiert, dessen 2,8-Liter-Motor 20 PS mehr mobilisierte, ohne die Fahrleistungen gravierend zu verbessern. Äußerlich unterschied sich der 280 SL von seinen Vorgängern nur durch die gelochten Radzierblenden. 19 831 Exemplare wurden vom 230 SL, 5196 vom 250 SL und 23 885 vom 280 SL gebaut. Die Preise betrugen für den Roadster mit Coupédach beim 230 SL DM 22 200.-, beim 250 SL DM 22 780.- und beim 280 SL DM 23 040.-.

TECHNISCHE DATEN

Modell	**230 SL (W 113)**	**250 SL (W 113 A)**	**280 SL (W 113 E 28)**
Bauzeit	03/07.1963 – 01.1967	11.1966 – 01.1968	11.1967 – 03.1971
Motor	M 127 II	M 129 III	M 130
Zylinderzahl	6 in Reihe	6 in Reihe	6 in Reihe
Hubraum (cm^3)	2281	2496	2778
Bohrung x Hub (mm)	82 x 72,8	82 x 78,8	86,5 x 78,8
Leistung (kW/PS)	110,3/150 bei 5500 1/min	110,3/150 bei 5500 1/min	125/170 bei 5750 1/min
Drehmoment mkg	20 bei 4200 1/min	22 bei 4200 1/min	24,5 bei 4500 1/min
Verdichtung	9,3 : 1	9,5 : 1	9,5 : 1
Ventilsteuerung	ohc, Antrieb durch Duplex-Kette, 2 Ventile	ohc, Antrieb durch Duplex-Kette, 2 Ventile	ohc, Antrieb durch Duplex-Kette, 2 Ventile
Gemischaufbereitung	Saugrohreinspritzung durch Bosch Sechsstempelpumpe	Saugrohreinspritzung durch Bosch Sechsstempelpumpe	Saugrohreinspritzung durch Bosch Sechsstempelpumpe
Getriebe	4-Gang mit Mittelschaltung,	4-Gang mit Mittelschaltung,	4-Gang mit Mittelschaltung,
auf Wunsch	4-Gang-Automatik	4-Gang-Automatik	4-Gang-Automatik
ab Mai 1966 auf Wunsch	5-Gang-Schaltgetriebe	5-Gang-Schaltgetriebe	5-Gang-Schaltgetriebe
Antriebs-Übersetzung	3,75 : 1, 4,08 : 1	4,08 : 1, 3,92 : 1,	3,69 : 1 je nach Getriebe.
Reifen v/h	185 HR 14	185 HR 14	185 HR 14
Räder v/h	5½ J x 14	6 J x 14	6 J x 14
Bremse v/h (mm)	Zweikreisbremse, Scheiben-/Trommelbremsen	Zweikreisbremse, Scheibenbremsen	Zweikreisbremse, Scheibenbremsen
Spurweite v/h	1486/1487	1484/1485	1484/1485
Radstand (mm)	2400	2400	2400
Maße (L x B x H (mm))	4285 x 1760 x 1305,	4285 x 1760 x 1305,	4285 x 1760 x 1305,
mit Softtop	4285 x 1760 x 1320	4285 x 1760 x 1320	4285 x 1760 x 1320
Leergewicht (kg)	1300 + 40 Automatik, + 80 mit Hardtop	1360 + 40 Automatik, + 80 mit Hardtop	1360 + 40 Automatik, + 80 mit Hardtop
Beschleunigung 0–100	11 s	12 s	11 s
Höchstgeschw. (km/h)	200	195	200

MERCEDES-BENZ 250 S

Der 250 S mußte sich die Rolle als Nachfolger des 220 S mit dem 230 S teilen. Gegenüber diesem hatte er die neuere, elegantere Karosserie aufzuweisen. Daß dadurch ein etwas kleinerer Kofferraum und eine etwas niedrigere Kopfhöhe angeboten wurde, wurde von den Käufern toleriert. Ein Gewinn war die siebenfach gelagerte Kurbelwelle des Motors. Aufgrund seiner thermischen Empfindlichkeiten war der Motor, der auf den 2,2-Liter M 180 zurückging, mit ungleichen Zylinderabständen bei ausgereiztem Bohrungsmaß nicht vollgasfest. 74677 Limousinen wurden gebaut. Der Preis betrug 1965 DM 15 300.-. Ab Januar 1968, mit dem Erscheinen der Typen 280 S und 280 SE übernahm der 250 S die Rolle des Einsteigermodells in die »S-Klasse«, die zuvor der 230 S gespielt hatte.

TECHNISCHE DATEN

Modell:	**250 S (W 108 II)**	
Bauzeit:	07/09.1965 –03.1969	
Motor:		M 108
Zylinderzahl:		6 in Reihe
Hubraum (cm³):		2496
Bohrung x Hub (mm):		82 x 78,8
Leistung (kW/PS):		96/130 bei 5400 1/min
Drehmoment (mkg):		19,8 bei 4000 1/min
Verdichtung:		9 : 1
Ventilsteuerung:		ohc, Antrieb durch Duplex-Kette, 2 Ventile
Gemischaufbereitung:		2 Register-Fallstromvergaser Zenith 35/40 INAT
Getriebe:		4-Gang mit Mittel-oder Lenkradschaltung,
auf Wunsch		4-Gang-Automatik
Antriebs-Übersetzung:		3,92 : 1
Reifen v/h:		7,35 H 14 oder 185 H 14
Räder v/h:		6 J x 14
Bremse v/h:		Zweikreis-Scheibenbremsen
Spurweite v/h (mm):		1482/1485
Radstand (mm):		2750
Maße (L x B x H (mm)):		4900 x 1810 x 1440
Leergewicht (kg):		1470, + 40 Automatik
Beschleunigung 0–100:		12,8 s
Höchstgeschw. (km/h):		180

MERCEDES-BENZ 250 SE

Der 250 SE löste den 220 SE ab. Die ruhigen Linien der auf der alten Bodengruppe neu gezeichneten Karosserie mit großer Glasfläche und ausgewogenen Proportionen fand bei den Kunden Anklang. Die Fahrleistungen waren erheblich besser und erreichten die des 300 SE. Der 2,5-Liter-Motor erhielt eine Sechsstempel-Einspritzpumpe, einen Öl-Wasserwärmetauscher und zur besseren Haltbarkeit und Schwingungsdämpfung eine siebenfach gelagerte Kurbelwelle. Der 250 SE übernahm während seiner Bauzeit die Rolle des Highlights dieser Baureihe. Der Niveauausgleich an der Hinterachse war serienmäßig. Gebaut wurden 55 181 Limousinen. Die Preise betrugen 1965 für die Limousine DM 16 850.-.

TECHNISCHE DATEN

Modell:	**250 SE (W 108 III)**
Bauzeit:	08.1965 – 01.1968
Motor:	M 129 I
Zylinderzahl:	6 in Reihe
Hubraum (cm^3):	2496
Bohrung x Hub (mm):	82 x 78,8
Leistung (kW/PS):	110,3/150 bei 5500 1/min
Drehmoment (mkg):	22,0 bei 4200 1/min
Verdichtung:	9,3 : 1, ab 1967 9,5 : 1
Ventilsteuerung:	ohc, Antrieb durch Duplex-Kette, 2 Ventile
Gemischaufbereitung:	Saugrohreinspritzung durch Bosch Sechsstempelpumpe
Getriebe:	4-Gang mit Mittelschaltung,
auf Wunsch	4-Gang-Automatik mit Lenkrad- oder Mittelschaltung
Antriebs-Übersetzung:	3,92 : 1
Reifen v/h:	7,35 H 14 oder 185 H 14
Räder v/h:	6 J x 14
Bremse v/h:	Zweikreis-Scheibenbremsen
Spurweite v/h (mm):	1482/1485
Radstand (mm):	2750
Maße (L x B x H(mm)):	4900 x 1810 x 1440
Leergewicht (kg):	1510
Beschleunigung 0–100:	11,0 s
Höchstgeschw. (km/h):	190

MERCEDES-BENZ 280 S

Der 280 S war ab Anfang 1968 das Einsteigermodell in die S-Klasse und wurde zum meistgebauten Modell der Baureihen 108/109. Von seinem Vorgänger 250 S unterschied er sich äußerlich durch das Kühlergitter mit größeren Würfeln und gelochten Radzierblenden. Der Motor wurde grundlegend überarbeitet und hatte nun gleichmäßige Zylinderabstände, welche eine größere Bohrung ermöglichte. Die Kühlwassermäntel um die Zylinderpaare fielen dadurch weg. Die Kühlung der Brennraumzonen erfolgte durch Kühlschlitze zwischen den Zylindern. Das Lenkrad erhielt im 280 S zur Prallplatte einen Pralltopf und eine teleskopartig verschiebbare Lenksäule. 93 666 Fahrzeuge wurden gebaut. Der Preis im Januar 1968 betrug DM 17000.-.

TECHNISCHE DATEN

Modell:	**280 S (W 108 V 28)**
Bauzeit:	11.1967/01.1968 – 09.1972
Motor:	M 130 V 28
Zylinderzahl:	6 in Reihe
Hubraum (cm³):	2778
Bohrung x Hub (mm):	86,5 x 78,8
Leistung (kW/PS):	103/140 bei 5200 1/min
Drehmoment (mkg):	22,8 bei 3600 1/min
Verdichtung:	9,0 : 1
Ventilsteuerung:	ohc, Antrieb durch Duplex-Kette, 2 Ventile,
Gemischaufbereitung:	2 Register-Fallstromvergaser Zenith 35/40 INAT
Getriebe:	4-Gang mit Mittel- oder Lenkradschaltung,
auf Wunsch	4-Gang-Automatik
Antriebs-Übersetzung:	3,92 : 1
Reifen v/h:	185 H 14
Räder v/h:	6 J x 14HB
Bremse v/h:	Zweikreis-Scheibenbremsen
Spurweite v/h (mm):	1482/1485
Radstand (mm):	2750
Maße (L x B x H (mm)):	4900 x 1810 x 1440
Leergewicht (kg):	1520 + 40 Automatik
Beschleunigung 0–100:	12,5 s
Höchstgeschw. (km/h):	185

TECHNISCHE DATEN

Modell:	**280 SE (W 108 E 28)** **[280 SE lang, ab 09.1969: 280 SEL]**
Bauzeit:	11.1967/01.1968 – 09.1972; [01.1968 – 04.1971]
Motor:	M 130 E 28
Zylinderzahl:	6 in Reihe
Hubraum (cm³):	2778
Bohrung x Hub (mm):	86,5 x 78
Leistung (kW/PS):	118/160 bei 5500 1/min
Drehmoment (mkg):	24,5 bei 4250 1/min
Verdichtung:	9,5 : 1
Ventilsteuerung:	ohc, Antrieb durch Duplex-Kette, 2 Ventile
Gemischaufbereitung:	Saugrohreinspritzung durch Bosch Sechsstempelpumpe
Getriebe:	4-Gang mit Mittel- oder Lenkradschaltung
auf Wunsch	4-Gang-Automatik
Antriebs-Übersetzung:	3,92 : 1
Reifen v/h:	185 H 14
Räder v/h:	6 J x 14 B
Bremse v/h:	Zweikreis-Scheibenbremsen
Spurweite v/h (mm):	1482/1485
Radstand (mm):	2750 [2850]
Maße (L x B x H (mm)):	4900 x 1810 x 1440 [5000 x 1810 x 1440]
Leergewicht (kg):	1560 + 40 Automatik [1575 + 40 Automatik]
Beschleunigung 0–100:	10,5 s
Höchstgeschw. (km/h):	190

Der 280 SE entsprach mit dem modifizierten Kühlergitter und den gelochten Radzierblenden äußerlich dem 280 S, war aber als Nachfolger des 250 SE mit der Einspritz-Variante des 2,8-Liter-Motors ausgerüstet. Dieser verfügte wie sein Vorgänger über eine Bosch-Sechsstempel-Einspritzpumpe. Die verlängerte Ausführung 280 SE lang, ab September 1969 280 SEL genannt, hatte keinen Vorläufer und fand wenig Resonanz. Im Gegensatz zum 280 SE war bei ihm die Servolenkung serienmäßig.
Mit 91 051 Exemplaren war der 280 SE fast so erfolgreich wie die Vergaser-Version. Vom 280 SEL wurden 8 250 Fahrzeuge gebaut. Bei Produktionsbeginn kostete der 280 SE DM 18 600.-, der 280 SEL DM 21 420.-,

MERCEDES-BENZ 280 SE 3.5 / 280 SEL 3.5

Anfang 1971 wurde der 3,5-Liter V8-Motor M 116 auch in der Baureihe 108 angeboten. Die neuen Typen 280 SE 3.5 und 280 SEL 3.5 unterschieden sich äußerlich von den Sechszylinder-Modellen nur durch den Zusatz »3.5« auf dem Kofferraumdeckel. Im Gegensatz zum luftgefederten 300 SEL 3.5 waren die beiden neuen Achtzylinder-Typen mit konventioneller Stahlfederung ausgerüstet. Der Einbau des leistungsstarken V8-Motors in das bestehende Fahrzeug brachte zwar Fahrspaß, zeigte aber auch deutlich die Grenzen des Pendelachs-Fahrwerks auf.
Vom 280 SE 3.5 wurden 11 309 Exemplare gebaut. Die Langversion 280 SEL 3.5, den 280 SEL ablöste, entstand nur 951 mal.
Die Preise betrugen für den 280 SE 3.5 DM 24 920.- ,für den 280 SEL 3.5 DM 27 306.-.

TECHNISCHE DATEN

Modell:	**280 SE 3.5 (W 108 E 35/I)** **[280 SEL 3.5 (W 108 E 35/I)]**	
Bauzeit:	07.1970/03.1971 – 09.1972 [– 08.1972]	
Motor:		M 116 E 35
Zylinderzahl:		V8
Hubraum (cm³):		3499
Bohrung x Hub (mm):		92 x 65,8
Leistung (kW/PS):		147/200 bei 5800 1/min
Drehmoment (mkg):		29,2 bei 4000 1/min
Verdichtung:		9,5 : 1
Ventilsteuerung:		ohc, je Zylinderbank, Antrieb durch Duplex-Kette, 2 Ventile
Gemischaufbereitung:		Elektronische Saugrohreinspritzung durch Bosch D-Jetronic
Getriebe:		4-Gang mit Mittelschaltung,
auf Wunsch		4-Gang-Automatik mit Lenkrad- oder Mittelschaltung
Antriebs-Übersetzung:		3,46 : 1
Reifen v/h:		7,35 V 14, 185 VR 14
Räder v/h:		6 J x 14 HB
Bremse v/h:		Zweikreis-Scheibenbremsen
Spurweite v/h (mm):		1482/1485
Radstand (mm):		2750 [2850]
Maße (L x B x H (mm)):		4900 x 1810 x 1440 [5000 x 1810 x 1440]
Leergewicht (kg):		1610 + 40 Automatik [1640 + 40 Automatik]
Beschleunigung 0–100:		9,0 s Schaltgetriebe, 9,5 s Automatik
Höchstgeschw. (km/h):		210 Schaltgetriebe, 205 Automatik

TECHNISCHE DATEN

Modell:	**300 SEb (W 108 IV) [300 SEL (W 109 III)]**
Bauzeit:	08.1965 – 12.1968 [09.1965/03.1966 – 12.1967]
Motor:	M 189 VIII [M 189 M 189 VII]
Zylinderzahl:	6 in Reihe
Hubraum (cm³):	2996
Bohrung x Hub (mm):	85 x 88
Leistung (kW/PS):	125/170 bei 5400 1/min
Drehmoment (mkg):	25,4 bei 4000 1/min
Verdichtung:	8,8 : 1
Ventilsteuerung:	ohc, Antrieb durch Duplex-Kette, 2 Ventile
Gemischaufbereitung:	Saugrohreinspritzung durch Bosch Sechsstempelpumpe
Getriebe: auf Wunsch	4-Gang mit Mittelschaltung, 4-Gang-Automatik mit Lenkrad- oder Mittelschaltung
Antriebs-Übersetzung:	3,92 : 1 oder 3,69 : 1
Reifen v/h:	7,35 H 14 / 185 H 14 [7,75 H 14, dann 7,35 H 14 / 185 H 14]
Räder v/h:	6 J x 14
Bremse v/h:	Zweikreis-Scheibenbremsen
Spurweite v/h (mm):	1482/1490
Radstand (mm):	2750 [2850]
Maße (L x B x H (mm)):	4900 x 1810 x 1440 [5000 x 1810 x 1440]
Leergewicht (kg):	1575 + 40 Automatik 1655 + 40 Automatik
Beschleunigung 0–100:	11,7 s Schaltgetriebe 3,92 : 1, 10,8 s Automatik 3,92 : 1 [11,8 s Schaltgetriebe 3,69 : 1, 11,0 s Automatik 3.69 : 1]
Höchstgeschw. (km/h):	200 Schaltgetriebe 195 Automatik

300 SEb und 300 SEL waren schon bei ihrem Erscheinen 1965 nicht mehr zeitgemäß. Der alte Dreiliter-Motor war am Ende seiner Entwicklungsmöglichkeiten, konnte aber noch nicht aus der Produktion genommen werden. In Ermangelung eines neuen großvolumigen Motors war er für das gehobene Serienprogramm unverzichtbar. Der neukonstruierte 2,5-Liter-Motor war dem »Oldie« in der Leistung so nahe gerückt, daß kaum noch Unterschiede bestanden. Im Vergleich zum Vorgänger gab es sie dafür in der Federung. Der 300 SEb hatte das Stahlfeder-Fahrwerk erhalten, was sich in einem um DM 1600.- reduzierten Verkaufspreis niederschlug. Der 300 SEL dagegen behielt die Luftfederung. Aufgrund schlechterer aerodynamischer Grundwerte der Karosserie erreichte der 300 SEb nicht ganz die Fahrleistungen seines Vorgängers.
Vom 300 SEb wurden 2737, vom 300 SEL 2369 Fahrzeuge gebaut. Der Preis betrug für den 300 SEb DM 21 500.- und für den 300 SEL DM 28 600.-.

MERCEDES-BENZ 300 SEL

Dieser 300 SEL war ein Blender, denn er hatte den Motor des 280 SL. Man griff in Untertürkheim zu dieser Notlösung, da die Fertigung des alten M 189 ausgelaufen war und die neuen 3,5-Liter-V8-Motoren noch nicht zur Verfügung standen. Äußerlich unterschied er sich von seinem Vorgänger durch das Kühlergitter mit den großen Würfeln und die gelochten Radzierblenden. Um hinsichtlich der Motorleistung keinen Rückschritt zum Vorgänger zu machen, verfiel man auf die Idee, die Motor-Variante einzubauen,die auch im 280 SL Verwendung fand. Das Lenkrad erhielt zur Prallplatte einen Pralltopf und eine teleskopartig verschiebbare Lenksäule.
2 519 Fahrzeuge wurden gebaut. Sie kosteten im März 1969 einschließlich Servolenkung und Luftfederung DM 25 975.-.

TECHNISCHE DATEN

Modell:	**300 SEL (W 109 E 28)**
Bauzeit:	12.1967/02.1968 – 01.1970
Motor:	M 130 E 28
Zylinderzahl:	6 in Reihe
Hubraum (cm³):	2778
Bohrung x Hub (mm):	86,5 x 78,8
Leistung (kW/PS):	125/170 bei 5750 1/min
Drehmoment (mkg):	24,5 bei 4500 1/min
Verdichtung:	9,5 : 1
Ventilsteuerung:	ohc, Antrieb durch Duplex-Kette, 2 Ventile,
Gemischaufbereitung:	Saugrohreinspritzung durch Bosch Sechsstempelpumpe
Getriebe:	4-Gang mit Mittelschaltung,
auf Wunsch	4-Gang-Automatik mit Lenkrad- oder Mittelschaltung
Antriebs-Übersetzung:	3,92 : 1
Reifen v/h:	185 H 14
Räder v/h:	6 J x 14 HB
Bremse v/h:	Zweikreis-Scheibenbremsen
Spurweite v/h (mm):	1482/1485
Radstand (mm):	2850
Maße (L x B x H (mm)):	5000 x 1810 x 1460
Leergewicht (kg):	1695 + 40 Automatik
Beschleunigung 0–100:	10,5 s Schaltgetriebe, 11,2 s Automatik
Höchstgeschw. (km/h):	195 Schaltgetriebe, 190 Automatik

TECHNISCHE DATEN

Modell:	**300 SEL 3.5 (W 109 E 35/I)**
Bauzeit:	08/09.1969 – 09.1972
Motor:	M 116 E 35
Zylinderzahl:	V8
Hubraum (cm³):	3499
Bohrung x Hub (mm):	92 x 65,8
Leistung (kW/PS):	147/200 bei 5800 1/min
Drehmoment (mkg):	29,2 bei 4000 1/min
Verdichtung:	9,5 : 1
Ventilsteuerung:	ohc je Zylinderbank, Antrieb durch Duplex-Kette, 2 Ventile
Gemischaufbereitung:	Elektronische Saugrohreinspritzung durch Bosch D-Jetronic
Getriebe:	4-Gang mit Mittelschaltung
auf Wunsch	4-Gang-Automatik mit Lenkrad- oder Mittelschaltung
Antriebs-Übersetzung:	3,69 : 1
Reifen v/h:	185 VR 14
Räder v/h:	6 J x 14 HB
Bremse v/h:	Zweikreis-Scheibenbremsen
Spurweite v/h (mm):	1482/1485
Radstand (mm):	2850
Maße (L x B x H (mm)):	5000 x 1810 x 1440
Leergewicht (kg):	1730 + 40 Automatik
Beschleunigung 0–100:	10,5 s Schaltgetriebe, 9,5 s Automatik
Höchstgeschw. (km/h):	210 Schaltgetriebe, 205 Automatik

Der 300 SEL 3.5, zur IAA 1969 vorgestellt, bildete das Bindeglied zwischen den Sechszylindermodellen und dem exklusiveren 6.3 Liter. Äußerlich bestand, bis auf die Zahl »3.5« auf dem Kofferdeckel, kein Unterschied zum 300 SEL mit 2,8-Liter-Motor. Das Fahrwerk mit Luftfederung und der damit verbundenen Bremsnickabstützung sorgte für ein gleichbleibendes Fahrzeugniveau, außerdem verhinderte sie das destabilisierende Entlasten der Hinterachse beim Bremsen. Fahrsicherheit und Fahrkomfort erhielten seinerzeit eine hervorragende Beurteilung. Für die USA wurden alle 3,5-Liter-Typen ab April/Mai 1971 mit 4,5-Liter-V8-Motor ausgerüstet.
Gebaut wurden 9583 Limousinen, sie kosteten DM 28 195.-. Die Servolenkung war serienmäßig.

MERCEDES-BENZ 300 SEL 6.3

Der 300 SEL 6.3 war bei seiner Einführung im Frühjahr 1968 schlicht eine Sensation. Vier Merkmale unterschieden den 6.3 vom 3.5: Serienmäßige Doppelscheinwerfer, voluminösere Reifen auf breiteren Felgen, dickere Auspuffendrohre mit asymmetrischen Endschalldämpfer und ein kleiner Drehzahlmesser anstelle der Zeituhr im Blickfeld des Fahrers. Der 300 SEL, im Grunde kein kleines Auto, aber doch deutlich kleiner und leichter als der mächtige 600, eignete sich mit seinem luftgefederten Fahrwerk besonders für den Einbau des großvolumigen V8-Motors. Mit seinen Beschleunigungswerten und seinem beachtlichen Fahrkomfort konnte er echten Sportwagen Paroli bieten. Gebaut wurden 6526 Limousinen. Der Preis betrug DM 39160.-.

TECHNISCHE DATEN

Modell:	**300 SEL 6.3 (W 109 E 63)**
Bauzeit:	12.1967 – 09.1972
Motor:	M 100
Zylinderzahl:	V8
Hubraum (cm³):	6332
Bohrung x Hub (mm):	103 x 95
Leistung (kW/PS):	184/250 bei 4000 1/min
Drehmoment (mkg):	51 bei 2800 1/min
Verdichtung:	9,0 : 1
Ventilsteuerung:	ohc je eine Zylinderbank, Antrieb durch Duplex-Kette, 2 Ventile
Gemischaufbereitung:	Saugrohreinspritzung durch Bosch Achtstempelpumpe
Getriebe:	4-Gang-Automatik mit Mittelschaltung
Antriebs-Übersetzung:	2,85 : 1
Reifen v/h:	195 VR 14 Serie 70
Räder v/h:	6½ J x 14 HB
Bremse v/h:	Zweikreis-Scheibenbremsen
Spurweite v/h (mm):	1482/1490
Radstand (mm):	2850
Maße (L x B x H (mm)):	5000 x 1810 x 1470
Leergewicht (kg):	1830
Beschleunigung 0–100:	6,5 s
Höchstgeschw. (km/h):	220

1886
TYPE 220

MERCEDES-BENZ 200 / 220 / 230.4

Im Jahr 1968 erschienen die Modelle der »Neuen Generation« mit Schräglenker-Hinterachse. Sie lösten den W 110 ab und erhöhten die Typenvielfalt in der Mittelklasse: Zur Wahl standen jetzt zwei Vierzylinder-Benziner und zwei Vierzylinder-Diesel, alle der Baureihe W 115 zugeordnet, sowie zwei Sechszylindermodelle mit der Baureihenbezeichnung W 114. Gegenüber seinem Vorgänger war der W 114/115 ein kompakteres Fahrzeug, das, bei größerem Radstand und kürzerer Länge, immer noch einen beachtlichen Innenraum bot. Der Kofferraum erreichte nicht das Format des Vorgängers, hat aber aus heutiger Sicht, ein bemerkenswertes Volumen. Die beiden Benzinmotoren mit 2,0 und 2,2 Liter wurden aus dem Motor M 121 entwickelt. Eine Neuerung war der Einsatz der Stromberg-Vergaser, die ein besonders feines Ansprechverhalten aufweisen. Der 2,2-Liter-Motor hat aufgrund seines langen Hubes ein rauhes Laufverhalten, weshalb er 1973 durch den 2,3-Liter-Motor ersetzt wurde. Dieser hatte den kurzen Hub des 2-Liter-Motors aber eine wesentlich größere Bohrung, die erst durch die Technik der zusammengewachsenen Zylinder mit Kühlschlitzen für die Brennräume möglich wurde. Die Bezeichnung 230.4 erhielt er im Unterschied zum Sechszylindertyp gleichen Hubraums, der 230.6 genannt wurde. Das Fahrwerk war auch durch diese Motorisierung nicht überfordert und stellte gegenüber dem Vorgänger einen deutlichen Fortschritt dar. Das Facelift im August 1973 brachte keine technischen Änderungen. Vom 200 wurden insgesamt 288 785, vom 220 123 398 und vom 230. 487 609 Limousinen gebaut. Die Preise betrugen für den 200 DM 11 500.-, für den 220 DM 12 000.- und für den 230.4 DM 13 150.-.

TECHNISCHE DATEN

Modell:	**200 (W 115 V 20)**	**220 (W 115 V 22)**	**230.4 (W 115 V 23)**
Bauzeit:	10.1967/01.1968 – 08.1973	10.1967/02.1968 – 08.1973	11.1972/08.1973 – 12.1976
Motor:	M 115 V 20	M 115 V 22	M 115 V 23
Zylinderzahl:	4 in Reihe	4 in Reihe	4 in Reihe
Hubraum (cm³):	1988	2197	2277
Bohrung x Hub (mm):	87 x 83,6	87 x 92,4	93,75 x 83,6
Leistung (kW/PS):	70/95 bei 5000 1/min	77/105 bei 5000 1/min	81/110 bei 4800 1/min
Drehmoment (Nm/mkg):	156/15,9 bei 2800 1/min	179/18,2 bei 2800 1/min	186/19 bei 2500 1/min
Verdichtung:	9 : 1	9 : 1	9 : 1
Ventilsteuerung:	ohc, Antrieb durch Duplex-Kette, 2 Ventile,	ohc, Antrieb durch Duplex-Kette, 2 Ventile,	ohc, Antrieb durch Duplex-Kette, 2 Ventile,
Gemischaufbereitung:	1 Flachstromvergaser Stromberg 175 CDS,	1 Flachstromvergaser Stromberg 175 CDS,	1 Flachstromvergaser Stromberg 175 CDT
ab Juli 1970	175 CDT	175 CDT	
Getriebe:	4-Gang mit Mittel- oder Lenkradschaltung	4-Gang mit Mittel- oder Lenkradschaltung	4-Gang mit Mittel- oder Lenkradschaltung
auf Wunsch	4-Gang-Automatik mit hydr. Kupplung	4-Gang-Automatik mit hydr. Kupplung	4-Gang-Automatik mit hydr. Wandler
Antriebs-Übersetzung:	4,08 : 1,	4,08 : 1,	3,69 : 1
ab 1970	3,92 : 1	3,92 : 1	
Reifen v/h:	175 –14, 175 S 14	175 S 14	175 SR 14
Räder v/h:	5½ J x 14 H2	5½ J x 14 H2	5½ J x 14 H2
Bremse v/h:	Zweikreis-Scheibenbremsen	Zweikreis-Scheibenbremsen	Zweikreis-Scheibenbremsen
Spurweite v/h (mm):	1448/1440	1448/1440	1448/1440
Radstand (mm):	2750	2750	2750
Maße (L x B x H (mm)):	4680 x 1770 x 1440	4680 x 1770 x 1440	4680 x 1770 x 1440
Leergewicht (kg):	1360	1360	1370
Beschleunigung 0–100:	15,2 s	13,7 s	13,7 s
Höchstgeschw. (km/h):	160	168	170

MERCEDES-BENZ 200 D / 220 D

Mit Markteinführung des W 115 konnte auch der Dieselfahrer wieder zwischen zwei Modellen wählen: dem 200 D und dem 5 PS stärkeren 220 D. Die beiden Dieselmotoren mit der Bezeichnung OM 615 wurden auf der Basis des bewährten OM 621 neu entwickelt. Sie machten aus den beiden Modellen keine Sprinter, boten jedoch genügend Leistung, um sich auf den Autobahnen jener Jahre dem Verkehrsfluß anzupassen. Das Fahrwerk war, da es etwa für das dreifache an Motorleistung ausgelegt war, drastisch unterfordert, was dem Sicherheitsgedanken bei Daimler-Benz ein hervorragendes Zeugnis ausstellt. Das Facelift im August 1973 brachte keine technischen Änderungen. Der 220 D wurde ab März 1969 auch mit langem Radstand für Hotel- und Taxieinsätze geliefert. Vom 200 D wurden 339 927 Limousinen gebaut, vom 220 D 412 829 Limousinen und 2327 Fahrgestelle. Vom 220 D lang entstanden 4027 Limousinen und 1087 Fahrgestelle. Die Preise betrugen für den 200 D DM 12 000.-, für den 220D DM 12 500.- und für den 220 D lang DM 18315.-.

TECHNISCHE DATEN

Modell:	200 D (W 115 D 20)	220 D (W 115 D 22)	220 D lang (V 115 D 22)
Bauzeit:	10.1967/01.1968 – 12.1976	07.1967/01.1968 – 12.1976	03.1968 – 07.1973
Motor:	OM 615 D 20	OM 615 D 22	OM 615 D 22
Zylinderzahl:	4 in Reihe	4 in Reihe	4 in Reihe
Hubraum (cm3):	1988	2197	2197
Bohrung x Hub (mm):	87 x 83,6	87 x 92,4	87 x 92,4
Leistung (kW/PS):	40/55 bei 4200 1/min	44/60 bei 4200 1/min	44/60 bei 4200 1/min
Drehmoment (Nm/mkg):	113/11,5 bei 2400 1/min	126/12,8 bei 2400 1/min	126/12,8 bei 2400 1/min
Verdichtung:	21 : 1	21 : 1	21 : 1
Ventilsteuerung:	ohc, Antrieb durch Duplex-Kette, 2 Ventile	ohc, Antrieb durch Duplex-Kette, 2 Ventile	ohc, Antrieb durch Duplex-Kette, 2 Ventile
Gemischaufbereitung:	Vorkammereinspritzung durch Vierstempelpumpe	Vorkammereinspritzung durch Vierstempelpumpe	Vorkammereinspritzung durch Vierstempelpumpe
Getriebe:	4-Gang mit Lenkrad-oder Mittelschaltung	4-Gang mit Lenkrad-oder Mittelschaltung	4-Gang mit Lenkradschaltung
auf Wunsch ab August 1973	4-Gang-Automatik, mit hydr. Wandler	4-Gang-Automatik, mit hydr. Wandler	4-Gang-Automatik, mit hydr. Wandler
Antriebs-Übersetzung:	3,92 : 1	3,92 : 1	4,08 : 1
Reifen v/h:	6,95/175 –14	6,95/175 –14	185 HR 15
Räder v/h:	$5\frac{1}{2}$ J x 14	$5\frac{1}{2}$ J x 14	$5\frac{1}{2}$ J x 15H2
Bremse v/h:	Zweikreis-Scheibenbremsen	Zweikreis-Scheibenbremsen	Zweikreis-Scheibenbremsen
Spurweite v/h (mm):	1448/1440	1448/1440	1448/1440
Radstand (mm):	2750	2750	3400
Maße (L x B x H (mm)):	4680 x 1770 x 1440	4680 x 1770 x 1440	5335 x 1770 x 1440
Leergewicht (kg):	1410 + 40 Automatik	1410 + 40 Automatik	1540 + 40 Automatik
Beschleunigung 0–100:	31,0 s	28,1 s	28,1 s
Höchstgeschw. (km/h):	130	135	135

Vorgänger hatten die beiden Newcomer 240 D und 240 D 3.0 nicht. Peugeot und Opel, die beide leichtere Dieselfahrzeuge ins Programm nahmen, zwangen zur Leistungsanhebung.
Der 240 D erweiterte auf der Basis des 220 D zunächst das Dieselprogramm nach oben. Bis auf Motor und Achsübersetzung waren beide Modelle baugleich. Die Hubraumvergrößerung erfolgte durch eine grössere Bohrung. Sie wurde durch den Wegfall der Wassermäntel und den Einsatz von Kühlschlitzen zur Kühlung der Brennraumzonen erst möglich. Im Bereich der langen Ausführung ersetzte der 240 D lang den 220 D lang. Eine Überraschung bildete ein Jahr später der Fünfzylinder-Dreiliter mit 80 PS, der im Grunde auf dem Vierzylindermotor aufbaute. Dieser Motor ist der erste PKW-Motor der Welt mit fünf Zylindern. Man war vorsichtig und gab ihm noch keine eigene Typenbezeichnung, sondern kennzeichnete ihn mit dem Zusatz 3.0. Diese Vorsicht war unangebracht, der 3.0 wurde trotz seines hohen Preises ein voller Erfolg. Gebaut wurden vom 240 D 126 148 Limousinen und 581 Fahrgestelle, vom 240 D lang 3655 Limousinen und 935 Fahrgestelle und vom 240 D 3.0 53 690 Limousinen. Die Preise betrugen für den 240 D DM 15 985.- für den 240 D lang DM 22 590.- und für den 240 D 3.0 DM 18 815.-.

TECHNISCHE DATEN

Modell:	240 D (W 115 D 24)	240 D lang (V 115 D 24)	240 D 3.0 (W 115 D 30)
Bauzeit:	02.1973/08.1973 – 12.1976	08.1973 – 11.1976	03./10.1974 – 11.1976
Motor:	OM 616 D 24	OM 616 D 24	OM 617 D 30
Zylinderzahl:	4 in Reihe	4 in Reihe	5 in Reihe
Hubraum (cm^3):	2404	2404	3005
Bohrung x Hub (mm):	91 x 92,4	91 x 92,4	91 x 92,4
Leistung (kW/PS):	48/65 bei 4200 1/min	48/65 bei 4200 1/min	59/80 bei 4200 1/min
Drehmoment (Nm/mkg):	137/14 bei 2400 1/min	137/14 bei 2400 1/min	172/17,5 bei 2400 1/min
Verdichtung:	21 : 1	21 : 1	21 : 1
Ventilsteuerung:	ohc, Antrieb durch Duplex-Kette, 2 Ventile	ohc, Antrieb durch Duplex-Kette, 2 Ventile	ohc, Antrieb durch Duplex-Kette, 2 Ventile
Gemischaufbereitung:	Vorkammereinspritzung durch Vierstempelpumpe	Vorkammereinspritzung durch Vierstempelpumpe	Vorkammereinspritzung durch Fünfstempelpumpe
Getriebe:	4-Gang mit Lenkrad- oder Mittelschaltung	4-Gang mit Lenkrad-schaltung	4-Gang mit Lenkrad- oder Mittelschaltung
auf Wunsch	4-Gang-Automatik mit hydr. Wandler	4-Gang-Automatik mit hydr. Wandler	4-Gang-Automatik mit hydr. Wandler
Antriebs-Übersetzung:	3,69 : 1	3,92 : 1	3,46 : 1
Reifen v/h:	175 SR 14	185 HR 15	175 SR 14
Räder v/h:	5½ J x 14 H2	5½ J x 15 H2	5½ J x 14 H2
Bremse v/h:	Zweikreis-Scheibenbremsen	Zweikreis-Scheibenbremsen	Zweikreis-Scheibenbremsen
Spurweite v/h (mm):	1448/1440	1448/1440	1448/1440
Radstand (mm):	2750	3400	2750
Maße (L x B x H (mm)):	4680 x 1770 x 1440	5335 x 1770 x 148	54680 x 1770 x 1440
Leergewicht (kg):	1425	1555	1465
Beschleunigung 0–100:	24,6 s	24,6 s	19,9 s
Höchstgeschw. (km/h):	138	138	148

MERCEDES-BENZ 230 / 8

Der 230 verkörperte bei Daimler-Benz den preiswerten Einstieg in den Sechszylinder-Komfort der Mittelklasse. Für ihn gilt im Hinblick auf den Nutzraum und die Fahreigenschaften, verglichen mit den Vorgängern 230/230 S, dasselbe wie für die Vierzylindertypen 200 D – 220. Im Vergleich zu den »Kleinen« hatte er die »Sechszylinder-Kühlermaske« mit dem gröberen Gitter, aber nicht die doppelte Stoßstange des 250. Mit dem Facelift 1973 – breitere und niedrigere Kühlermaske und angepaßte Motorhaube, geänderte Rücklichter – fielen diese Spielereien weg. Dafür hieß er nicht mehr einfach nur 230, sondern bekam zur Unterscheidung zum Bruder mit vier Zylindern zusätzlich eine Sechs angehängt. Es gab sowohl eine Limousine, als auch Fahrgestelle mit langem Radstand für besondere Einsätze. Der 230, ein Auto bei dem auch heute noch Fahrspaß aufkommen kann, tat sich mit einem guten Preis-Leistungsverhältnis hervor. Gebaut wurden 216 319 Limousinen und 317 Fahrgestelle für Sonderaufbauten. Von der Langversion entstanden 2213 Limousinen und 2934 Fahrgestelle. Die Preise betrugen für den 230 DM 13 150.- und für den 230 lang DM 18 980.-.

TECHNISCHE DATEN

Modell:	**230/8, 230.6 (W 114 V 23)**	**230/8, 230.6 lang (V 114 V 23)**
Bauzeit:	09.1967/01.1968 – 11.1976	08.1968 – 10.1976
Motor:	M 180 V 23	M 180 V 23
Zylinderzahl:	6 in Reihe	6 in Reihe
Hubraum (cm³):	2292	2292
Bohrung x Hub (mm):	81,75 x 72,8	81,75 x 72,8
Leistung (kW/PS):	88/120 bei 5400 1/min	88/120 bei 5400 1/min
Drehmoment (Nm/mkg):	179/18,2 bei 3600 1/min	179/18,2 bei 3600 1/min
Verdichtung:	9 : 1	9 : 1
Ventilsteuerung:	ohc, Antrieb durch Duplex-Kette, 2 Ventile	ohc, Antrieb durch Duplex-Kette, 2 Ventile
Gemischaufbereitung:	2 Register-Fallstromvergaser Zenith 35/40 INAT	2 Register-Fallstromvergaser Zenith 35/40 INAT
Getriebe:	4-Gang mit Lenkrad- oder Mittelschaltung,	4-Gang mit Lenkrad- oder Mittelschaltung,
auf Wunsch	5-Gang mit Mittelschaltung	5-Gang mit Mittelschaltung
oder ab August 1973	4-Gang-Automatik, mit hydr. Wandler	4-Gang-Automatik, mit hydr. Wandler
Antriebs-Übersetzung:	3,92 : 1 bis 1970 3,69 : 1 ab 1971 3,92 : 1 bei 5-Gang	4,08 : 1 bis 1970 3,92 : 1 ab 1971
Reifen v/h:	175 SR 14	185 HR 15
Räder v/h:	5½ J x14 H2	5½ J x 15 H2
Bremse v/h:	Zweikreis-Scheibenbremsen	Zweikreis-Scheibenbremsen
Spurweite v/h (mm):	1448/1440	1448/1440
Radstand (mm):	2750	3400
Maße (L x B x H (mm)):	4680 x 1770 x 1440	5335 x 1770 x 1485
Leergewicht (kg):	1385	1515
Beschleunigung 0–100:	13,3 s, Automatik 13,9 s	14,0 s, Automatik 16,1 s
Höchstgeschw. (km/h):	175, Automatik 170	175, Automatik 170

MERCEDES-BENZ 250 / 250 C

Bis zum Erscheinen der 2,8-Liter-Motoren bildete der 250 die Spitzenmotorisierung der neuen Baureihe. Äußerlich war er zunächst an der vorderen doppelten Stoßstange zu erkennen. Er wurde Ende 1968 durch die Coupé-Variante 250 C ergänzt. Das Coupé stand im Schatten des leistungstärkeren Modells mit Einspritzmotor. Dieses Aggregat wurde in der Limousine nicht angeboten. Der Motor M 114 war aus dem 2,8-Liter-Triebwerk mit der Bezeichnung M 130 entstanden. Ab April 1972 ersetzte der für den USA-Markt schon seit 1969 eingebaute 2,8-Liter-Motor M 130 die 2,5-Liter-Version, ohne daß dies nach außen dokumentiert wurde. Vom 250 wurden 78 303 Limousinen, vom 250 [2,8] 34 061 Limousinen gebaut. Das Coupé 250 C entstand 8824 mal und das Coupé 250 C [2,8] 11 768 mal. Die Preise betrugen für den 250 DM 14 630.-, für den 250 [2,8] DM 17 871.-, für den 250 C DM 16 820.- und für den 250 C [2,8] DM 20 313.-.

TECHNISCHE DATEN

Modell:	**250 (W 114 V 25)**	**250 C (W 114 V 25)**	**250 (W 114 V 28)**	**250 C (W 114 V 28)**
Bauzeit:	07/12.1967 – 05.1972	10.1968 – 05.1972	03.1970 – 07.1976	07.1969 – 08.1973
Motor:	M 114 V 25	M 114 V 25	M 130 V 28	M 130 V 28
Zylinderzahl:	6 in Reihe	6 in Reihe	6 in Reihe	6 in Reihe
Hubraum (cm^3):	2496	2496	2778	2778
Bohrung x Hub (mm):	82 x 78,8	82 x 78,8	86,5 x 78,8	86,5 x 78,8
Leistung (kW/PS):	96/130 bei 5400 1/min	96/130 bei 5400 1/min	96/130 bei 5000 1/min	96/130 bei 5000 1/min
ab Juli 1972			103/140 bei 5200 1/min	103/140 bei 5200 1/min
Drehmoment (Nm/mkg):	199/20,3 bei 3600 1/min	199/20,3 bei 3600 1/min	216/22,0 bei 3200 1/min	216/22,0 bei 3200 1/min
ab Juli 1972			224/22,8 bei 3600 1/min	224/22,8 bei 3600 1/min
Verdichtung:	9,5 : 1	9,5 : 1	8,7 : 1	8,7 : 1
ab Juli 72			9,0 : 1	9,0 : 1
Ventilsteuerung:	ohc, Antrieb durch Duplex-Kette, 2 Ventile	ohc, Antrieb durch Duplex-Kette, 2 Ventile	ohc, Antrieb durch Duplex-Kette, 2 Ventile	ohc, Antrieb durch Duplex-Kette, 2 Ventile
Gemischaufbereitung:	2 Register-Fallstromvergaser Zenith 35/40 INAT	2 Register-Fallstromvergaser Zenith 35/40 INAT	2 Register-Fallstromvergaser Zenith 35/40 INAT	2 Register-Fallstromvergaser Zenith 35/40 INAT
Getriebe:	4-Gang mit Lenkrad- oder Mittelschaltung,	4-Gang mit Lenkrad- oder Mittelschaltung,	4-Gang mit Lenkrad- oder Mittelschaltung,	4-Gang mit Lenkrad- oder Mittelschaltung,
auf Wunsch	5-Gang mit Mittelschaltung	5-Gang mit Mittelschaltung	5-Gang mit Mittelschaltung	5-Gang mit Mittelschaltung
oder	4-Gang-Automatik,	4-Gang-Automatik,	4-Gang-Automatik,	4-Gang-Automatik,
ab August 1973	mit hydr. Wandler	mit hydr. Wandler	mit hydr. Wandler	mit hydr. Wandler
Antriebs-Übersetzung:	3,92 : 1	3,92 : 1	3,92 : 1	3,92 : 1
5 Gang	4,08 : 1 bis 1970	3,92 : 1 ab 1971		
Reifen v/h:	175 SR 14	175 SR 14	175 SR 14	175 SR 14
Räder v/h:	$5\frac{1}{2}$ J x 14 H2	$5\frac{1}{2}$ J x 14 H2	$5\frac{1}{2}$ J x 14 H2	$5\frac{1}{2}$ J x 14 H2
Bremse v/h:	Zweikreis-Scheibenbremsen	Zweikreis-Scheibenbremsen	Zweikreis-Scheibenbremsen	Zweikreis-Scheibenbremsen
Spurweite v/h (mm):	1448/1440	1448/1440	1448/1440	1448/1440
Radstand (mm):	2750	2750	2750	2750
Maße (L x B x H (mm)):	4680x1770x1440	4680x1790x1395	4680x1770x1440	4680x1790x1395
Leergewicht (kg):	1410	1390	1420	1420
Beschleunigung 0–100:	12,8 s	12,8 s	11,5 s	11,5 s
Höchstgeschw. (km/h):	180	180	180	180

Der 250 CE erstaunte den Betrachter bei seinem Erscheinen durch ausgefallene, nicht unbedingt harmonische Proportionen. Sie wurden durch ein kürzeres und niedrigeres Dach und einen damit einhergehenden größeren hinteren Überhang hervorgerufen. Aus Kostengründen wurde der Grundkorpus der Limousine beibehalten. Äußerlich unterschied sich der 250 CE durch den Doppelrohr-Auspuff vom 250 C. Die Überraschung war der Einbau der elektronischen Bosch D-Jetronic Benzineinspritzung, bei der Einspritzpionier Daimler-Benz allerdings VW mit dem 411 LE den Vortritt lassen mußte. Das recht teuere Modell fand reißenden Absatz und war mit 21 787 Stück das meistgebaute Coupé der Baureihe. Es kostete DM 17 705.-

TECHNISCHE DATEN

Modell:	**250 CE (W 114 E 25)**
Bauzeit:	10.1968 – 08.1973
Motor:	M 114 E 25
Zylinderzahl:	6 in Reihe
Hubraum (cm³):	2496
Bohrung x Hub (mm):	82 x 78,8
Leistung (kW/PS):	110/150 bei 5500 1/min
Drehmoment (Nm/mkg):	211/21,5 bei 4500 1/min
Verdichtung:	9,5 : 1
Ventilsteuerung:	ohc, Antrieb durch Duplex-Kette, 2 Ventile
Gemischaufbereitung:	Elektronische Saugrohreinspritzung durch Bosch D-Jetronic
Getriebe:	4-Gang mit Mittelschaltung,
auf Wunsch	5-Gang
oder	4-Gang-Automatik mit Lenkrad- oder Mittelschaltung
Antriebs-Übersetzung:	3,92 : 1, 5-Gang 4,08 : 1 bis 1970,
ab 1971	3,69 : 1, 5-Gang 3,92 : 1
Reifen v/h:	175 SR 14
Räder v/h:	5½ J x 14 H2
Bremse v/h:	Zweikreis-Scheibenbremsen
Spurweite v/h (mm):	1448/1440
Radstand (mm):	2750
Maße (L x B x H (mm)):	4680 x 1790 x 1395
Leergewicht (kg):	1410
Beschleunigung 0–100:	10,4 s
Höchstgeschw. (km/h):	190

280 CE
280 CE

MERCEDES-BENZ 280 / 280 C / 280 E / 280 CE

Die im April 1972 präsentierten 2,8-Liter-Typen 280 – 280 CE waren eine wichtige und nötige Ergänzung des Programms. Durch den Wettbewerb von BMW (2500 und 2800) und Opel (Commodore GS/GSE) war Daimler-Benz gezwungen, den ursprünglich für die Premiere in der neuen S-Klasse vorgesehehnen Sechszylinder-Motor vorzuziehen. Die Limousinen unterschieden sich von außen durch die Heckstoßstange, die wie bei den Coupés seitlich bis zu den Radausschnitten vorgezogen ist, durch den Doppelrohr-Auspuff und durch die größeren Räder. Aufbauend auf dem alten M 130 war das Triebwerk grundlegend überarbeitet, standfester gemacht und in der Leistung deutlich angehoben worden. Zwei obenliegende Nockenwellen, eine neue Brennraumgestaltung, eine Kurbelwelle mit 12 Ausgleichsgewichten und die elektronische Benzineinspritzung garantierten den neuesten Stand der Technik. Der Einspritzmotor war trotz Hightech-Attributen unproblematisch im Gebrauch. Der Vergasermotor bereitete durch seine 4 A1-Vergaseranlage Verbrauchsprobleme, mit denen auch der Wettbewerb zu kämpfen hatte. Das Facelift 1973 hatte keine Auswirkungen auf die Leistung oder das Fahrverhalten. Gebaut wurden von der Vergaserversion 39 537 Limousinen und 13 151 Coupés, vom Einspritzer 22 836 Limousinen und 11 518 Coupés. Die Preise betrugen für den 280 DM 18 980.-, für den 280 C DM 21 425, für den 280 E DM 20 535.- und für den 280 CE DM 22 980.-.

TECHNISCHE DATEN

Modell:	**280 (W 114 V 28)**	**280 C (W 114 V 28)**	**280 E (W 114 E 28)**	**280 CE (W 114 E 28)**
Bauzeit:	10.1971/05.1972 – 09.1976	12.1971/06.1972 – 08.1976	01.1971/04.1972 – 09.1976	04.1971/05.1972 – 07.1976
Motor:	M 110 V 28	M 110 V 28	M 110 E 28	M 110 E 28
Zylinderzahl:	6 in Reihe	6 in Reihe	6 in Reihe	6 in Reihe
Hubraum (cm³):	2746	2746	2746	2746
Bohrung x Hub (mm):	86 x 78,8	86 x 78,8	86 x 78,8	86 x 78,8
Leistung (kW/PS):	118/160 bei 5500 1/min	118/160 bei 5500 1/min	136/185 bei 6000 1/min	136/185 bei 6000 1/min
Drehmoment (Nm/mkg):	226/23 bei 4000 1/min	226/23 bei 4000 1/min	238/24,3 bei 4500 1/min	238/24,3 bei 4500 1/min
Verdichtung:	9 : 1	9 : 1	9 : 1	9 : 1
Ventilsteuerung:	ohc, Antrieb durch Duplex-Kette, 2 Ventile	ohc, Antrieb durch Duplex-Kette, 2 Ventile	ohc, Antrieb durch Duplex-Kette, 2 Ventile	ohc, Antrieb durch Duplex-Kette, 2 Ventile
Gemischaufbereitung:	1 Doppelregister-Fallstromvergaser Solex 4 A 1	1 Doppelregister-Fallstromvergaser Solex 4 A 1	Elektron. Saugrohreinspritzung Bosch D-Jetronic	Elektron. Saugrohreinspritzung Bosch D-Jetronic
Getriebe:	4-Gang mit Mittelschaltung,	4-Gang mit Mittelschaltung,	4-Gang mit Mittelschaltung,	4-Gang mit Mittelschaltung,
auf Wunsch	5-Gang	5-Gang	5-Gang	5-Gang
oder	4-Gang-Automatik mit Lenkrad- oder Mittelschaltung, mit hydraulischer Kupplung,	4-Gang-Automatik mit Lenkrad- oder Mittelschaltung, mit hydraulischer Kupplung,	4-Gang-Automatik mit Lenkrad- oder Mittelschaltung, mit hydraulischer Kupplung,	4-Gang-Automatik mit Lenkrad- oder Mittelschaltung, mit hydraulischer Kupplung,
ab August 1973	mit hydr. Wandler	mit hydr. Wandler	mit hydr. Wandler	mit hydr. Wandler
Antriebs-Übersetzung:	3,69 : 1,	3,69 : 1,	3,69 : 1,	3,69 : 1,
bei 5-Gang	3,92 : 1	3,92 : 1	3,92 : 1	3,92 : 1
Reifen v/h:	185 HR 14	185 HR 14	185 HR 14	185 HR 14
Räder v/h:	6 J x 14 H 2	6 J x 14 H 2	6 J x 14 H 2	6 J x 14 H 2
Bremse v/h:	Zweikreis-Scheibenbremsen	Zweikreis-Scheibenbremsen	Zweikreis-Scheibenbremsen	Zweikreis-Scheibenbremsen
Spurweite v/h (mm):	1448/1440	1448/1440	1448/1440	1448/1440
Radstand (mm):	2750	2750	2750	2750
Maße (L x B x H (mm)):	4680x1770x1440	4680x1770x1395	4680x1770x1440	4680x1770x1395
Leergewicht (kg):	1480	1480	1480	1480
Beschleunigung 0–100:	10,6 s	10,6 s	9,9 s	9,9 s
Höchstgeschw. (km/h):	190	190	200	200

S-EA 1497

Die Ausführung mit dem kleinsten Motor, die eigentlich der legitime Nachfolger des 280 SL (W 113) war, kam erst drei Jahre nach der offiziellen Vorstellung der neuen Baureihe auf den Markt. Der Grund war die anfangs mangelnde Produktionskapazität der Sechszylindermotoren, die zunächst für die Limousinen der S-Klasse und der kleineren Limousinen reserviert war. Von außen waren sie gegenüber den stärkeren Versionen nur durch die schmalere Bereifung zu unterscheiden. Der 280 SL/SLC überraschte durch muntere Fahrleistungen, die nur wenig unter dem DM 3500.- teureren V8-Modell lagen. Beide Typen waren mit Schaltgetriebe und auf Wunsch auch mit Automatik lieferbar. Der 280 SL kostete DM 32.445,30 zzgl. DM 1815.- für das Hardtop, es wurden 25 436 Zweisitzer gebaut. Der 280 SLC kostete DM 37 218,30. Davon wurden 10 668 Exemplare gebaut.

TECHNISCHE DATEN

Modell:	**280 SL (R 107 E 28) [280 SLC (C 107 E 28)]**
Bauzeit:	05/08.1974 – 08.1985 [05/08.1974 – 09.1981]
Motor:	M 110 E 28
Zylinderzahl:	6 in Reihe
Hubraum (cm³):	2746
Bohrung x Hub (mm):	86 x 78,8
Leistung (kW/PS):	136/185 bei 6000 1/min,
ab Februar 1977	130/177 bei 6000 1/min,
ab April 1978	136/185 bei 5800 1/min
Drehmoment (Nm/mkg):	238/24,3 bei 4500 1/min,
ab Februar 1977	233,5/23,8 bei 4500 1/min,
ab April 1978	240/24,5 bei 4500 1/min
Verdichtung:	9 : 1,
ab Februar 1977	8,7 : 1,
ab April 1978	9 : 1
Ventilsteuerung:	dohc, Antrieb durch Duplex-Kette, 2 Ventile
Gemischaufbereitung:	Saugrohreinspritzung durch Bosch D-Jetronic,
ab Anfang 1977	durch Bosch K-Jetronic
Getriebe:	4-Gang mit Mittelschaltung,
auf Wunsch	5-Gang (ab Herbst 1981 Serie)
oder	4-Gang Automatik mit Wandler
Antriebs-Übersetzung:	3,69 : 1 (4-Gang und Automatik), 3,92 : 1 (5-Gang),
ab Herbst 1981	3,58 : 1 (5-Gang und Automatik)
Reifen v/h:	185 HR 14,
ab Februar 1980	195/70 HR 14
Räder v/h:	6½ J x 14 H2
Bremse v/h:	Zweikreis-Scheibenbremsen
Spurweite v/h (mm):	1452/1440
Radstand (mm):	2460 [2820]
Maße (L x B x H (mm)):	4390 x 1790 x 1300 [4750 x 1790 x 1330]
Leergewicht (kg):	1560 + 40 Hardtop [1610]
Beschleunigung 0–100:	8,9 s Schaltgetriebe 11,0 s Automatik
Höchstgeschw. (km/h):	210 [200]

MERCEDES-BENZ 300 SL

Der 300 SL ersetzte ab September 1985 den 280 SL. Der Motor war eine Neukonstruktion, die ein dreiviertel Jahr vorher im 300 E Premiere hatte. Die Baureihe war noch einmal überarbeitet worden und unterschied sich vom Vorgänger durch das serienmäßige Hardtop, 15-Zoll-Leichtmetallräder mit einheitlicher Bereifung aller Modelle, einen neuen Frontspoiler mit integriertem Lufteinlaßgitter,einen beheizten Außenspiegel, stärker ausgeformte Sitze, eine überarbeitete Vorderachse mit kleinerem Lenkrollradius und Festsattel-Scheibenbremsen mit größeren Bremsscheiben. Der 300 SL kostete DM 63441,-.Es wurden 13 742 Roadster gebaut.

TECHNISCHE DATEN

Modell:	**300 SL (R 107 E 30)**
Bauzeit:	05.1985/09.1985 – 08.1989
Motor:	M 103 E 30
Zylinderzahl:	6 in Reihe
Hubraum (cm^3):	2962
Bohrung x Hub (mm):	88,5 x 80,25
Leistung (kW/PS):	138/188 RÜF, 132/180 KAT bei 5700 1/min
Drehmoment (Nm/mkg):	255/26 RÜF, 250/25,5 KAT bei 4400 1/min
Verdichtung:	9,2 : 1
Ventilsteuerung:	ohc, Antrieb durch Einfach-Kette, 2 Ventile
Gemischaufbereitung:	Saugrohreinspritzung durch Bosch KE-Jetronic
Getriebe:	5-Gang mit Mittelschaltung,
auf Wunsch	4-Gang-Automatik mit hydraulischem Wandler
Antriebs-Übersetzung:	3,46 : 1
Reifen v/h:	205/65 VR 15
Räder v/h:	7 J x 15 H2
Bremse v/h:	Zweikreis-Scheibenbremsen
Spurweite v/h (mm):	1461/1465
Radstand (mm):	2460
Maße (L x B x H (mm)):	4390 x 1790 x 1305
Leergewicht (kg):	1530 + 40 Hardtop
Beschleunigung 0–100:	8,8 s
Höchstgeschw. (km/h):	207

TECHNISCHE DATEN

Modell:	**350 SL (R 107 E 35) [350 SLC (C 107 E 35)]**
Bauzeit:	11.1970/04.1971 – 03.1980 [06.1971/02.1972 – 03.1980]
Motor:	M 116 E 35
Zylinderzahl:	V8
Hubraum (cm³):	3499
Bohrung x Hub (mm):	92 x 65,8
Leistung (kW/PS):	147/200 bei 5800 1/min,
ab Februar 1976	143/195 bei 5500 1/min
Drehmoment (Nm/mkg):	286/29,2 bei 4500 1/min,
ab Februar 1976	275/28 bei 4500 1/min
Verdichtung:	9,5 : 1
ab Februar 1976	9,0 : 1
Ventilsteuerung:	ohc je Zylinderbank, Antrieb durch Duplex-Kette, 2 Ventile
Gemischaufbereitung:	Saugrohreinspritzung durch Bosch D-Jetronic,
ab Februar 1976	durch Bosch K-Jetronic
Getriebe:	4-Gang mit Mittelschaltung,
auf Wunsch	4-Gang-Automatik,
ab Juli 1972	3-Gang-Automatik mit Wandler
Antriebs-Übersetzung:	3,46 : 1
Reifen v/h:	205/70 VR 14
Räder v/h:	6½ J x 14 H2
Bremse v/h:	Zweikreis-Scheibenbremsen
Spurweite v/h (mm):	1452/1440
Radstand (mm):	2460 [2820]
Maße (L x B x H (mm)):	4390 x 1790 x 1300 [4750 x 1790 x 1330]
Leergewicht (kg):	1600 + 40 mit Hardtop [1650]
Beschleunigung 0–100:	8,4 s Schaltgetriebe 11,0 s Automatik
Höchstgeschw. (km/h):	216 Schaltgetriebe 212 Automatik

Als im Herbst 1971 der 350 SL vorgestellt wurde, ahnte auch bei Daimler-Benz niemand, daß das der Beginn einer 18 Jahre währenden Erfolgsgeschichte werden würde. Zunächst löste der 350 SL den 280 SL (W 113) ab. Er war größer, schwerer und teurer als der Vorgänger. Das Design wirkte nicht mehr so leichtfüßig, alles war massiger geworden. Von vorneherein war klar, daß der 350 SL das mittlere Glied einer Kette von weiteren Modellen sein würde. In die USA wurde von Anfang an der 4,5 Liter geliefert, beim 2,8 Liter hatten die Limousinen aus marktpolitischen Gründen Priorität. Beim 350 SLC, der ein halbes Jahr später erschien, war man einen neuen Weg gegangen: das große Coupé basierte nicht mehr auf der S-Klasse, sondern auf dem SL. Der 350 SL kostete DM 29 970.-zzgl. DM 1460.- für das Hardtop. Gebaut wurden 15 304 Roadster. Der SLC kostete DM 35 631.-. Gebaut wurden 13 925 Coupés.

MERCEDES-BENZ 380 SL / 380 SLC

380 SL und SLC waren die Nachfolger der jeweiligen 3,5-Liter-Version. Von außen erkannte man die überarbeiteten Fahrzeuge an den Frontspoilern, innen am Lenkrad der neuen S-Klasse W 126. Wichtigste Neuerung war der aus der S-Klasse bekannte 3,8-Liter-Leichtmetallmotor und ein Viergang-Automatikgetriebe. Im Herbst 1981 erhielt der 380 SL einen völlig überarbeiteten Motor mit geänderten Bohrungs- und Hubmaßen. Mehr Drehmoment bei weniger Leistung, geringerem Verbrauch und reduzierten Abgasemissionen war das Ziel dieser Maßnahmen. Gleichzeitig wurde das Coupé durch den 380 SEC ersetzt, der nun wieder auf der S-Klasse-Limousine basierte. Der 380 SL kostete DM 54 014.-. Es wurden 53 200 Zweisitzer gebaut. Der 380 SLC kostete DM 57 743.-. Es wurden 3789 Coupés gebaut.

TECHNISCHE DATEN

Modell:	**380 SL (R 107 E 38) [380 SLC (C 107 E 38)]**
Bauzeit:	02/05.1980 – 10.1985 [02/05.1980 – 09.1981]
Motor:	M 116 E 38
Zylinderzahl:	V8
Hubraum (cm³):	3818 [3818]
ab September 1981	3839
Bohrung x Hub (mm):	92 x 71,8 [92 x 71,8]
ab September 1981	88 x 78,9
Leistung (kW/PS):	160/218 bei 5500 1/min [160/218 bei 5250 1/min]
ab September 1981	150/204 bei 5500 1/min;
Drehmoment (Nm/mkg):	299/30,5 bei 4000 1/min
ab September 1981	315/32,1 bei 3250 1/min [299/30,5 4000 1/min]
Verdichtung:	9,0 : 1 [9,0 : 1]
ab September 1981	9,4 : 1
Ventilsteuerung:	ohc je Zylinderbank, Antrieb durch Duplex-Kette, 2 Ventile
Gemischaufbereitung:	Saugrohreinspritzung durch Bosch K-Jetronic
Getriebe:	4-Gang-Automatik mit Mittelschaltung
Antriebs-Übersetzung:	3,27 : 1 [3,27 : 1]
ab September 1981	2,47 : 1
Reifen v/h:	205/70 VR 14
Räder v/h:	6½ J x 14
Bremse v/h:	Zweikreis-Scheibenbremsen
Spurweite v/h (mm):	1452/1440
Radstand (mm):	2460 [2820]
Maße (L x B x H (mm)):	4390 x 1790 x 1300 [4750 x 1790 x 1300]
Leergewicht (kg):	1640 [1690]
Beschleunigung 0–100:	9,0s [9,0 s], ab Sept. 1981:9,8 s
Höchstgeschw. (km/h):	215 [215], ab Sept. 1981: 205

TECHNISCHE DATEN

Modell:	**420 SL (R 107 E42)**
Bauzeit:	07/11.1985 – 08.1989
Motor:	M 116 E 42
Zylinderzahl:	V8
Hubraum (cm³):	4196
Bohrung x Hub (mm):	92 x 78,9
Leistung (kW/PS):	150/204 RÜF, 160/218 KAT bei 5200 1/min
Drehmoment (Nm/mkg):	330/33,6 RÜF bei 3750 1/min, 310/31,6 KAT bei 3600 1/min
Verdichtung:	9 : 1
Ventilsteuerung:	ohc je Zylinderbank, Antrieb durch Duplex-Kette, 2 Ventile
Gemischaufbereitung:	Saugrohreinspritzung durch Bosch KE-Jetronic
Getriebe:	4-Gang Automatik mit hydraulischem Wandler, Mittelschaltung
Antriebs-Übersetzung:	2,47 : 1
Reifen v/h:	205/65 VR 15
Räder v/h:	7 J x 15 H2
Bremse v/h:	Zweikreis-Scheibenbremsen
Spurweite v/h (mm):	1461/1465
Radstand (mm):	2460
Maße (L x B x H (mm)):	4390 x 1790 x 1305
Leergewicht (kg):	1600
Beschleunigung 0–100:	9,0 s RÜF
Höchstgeschw. (km/h):	213 RÜF

Eine Sensation war der 420 SL im Herbst 1985 nicht, eher ein braver Lückenfüller in der Typenhierarchie. Äußerlich unterschied er sich in nichts von den anderen beiden Modellen 300 SL und 500 SL. Genau wie diese wurde er serienmäßig mit Frontspoiler, Hardtop und Leichtmetall-Rädern geliefert. Die Automatik gehörte zum Lieferumfang der V8-Modelle.
Der 420 SL kostete DM 80 826.-, was im Vergleich zum 300 SL einen beachtlichen Mehrpreis, ohne erkennbaren Gegenwert darstellte. Gebaut wurden 2148 Roadster.

MERCEDES-BENZ 450 SL / 450 SLC

Die Karriere der 4,5-Liter-Versionen des SL und SLC begann in den USA, wo sie unter der Bezeichnung 350 SL/SLC anstelle des 3,5 Liter ausgeliefert wurden. Sie hatten im Unterschied zu den ab 1973 in Europa gelieferten Fahrzeugen nicht die aufwendige Koppelachse, sondern eine Schräglenker-Hinterachse. Aufgrund drastischer Abgasgesetze war die Motorleistung der US-Version wesentlich reduziert. Ab 1974 veränderte sich aufgrund der Crashvorschriften das Aussehen der USA-Versionen durch herausgezogene Stoßfänger. Die 4,5 Liter unterschieden sich äußerlich von den schwächeren Modellen durch einen kleinen Spoiler unter dem vorderen Stoßfänger. Der 450 SL kostete DM 32 911,50 zzgl DM 1593.- für das Hardtop. es wurden 66 298 Zweisitzer gebaut. Der 450 SLC kostete DM 41 014,50. Es wurden 31 739 Coupés gebaut.

TECHNISCHE DATEN

Modell:	**450 SL (R 107 E 45) [450 SLC (C 107 E 45)]**
Bauzeit:	03/07.1971 – 11.80; [02/07.1972 – 10.1980]
Motor:	M 117 E 45
Zylinderzahl:	V8
Hubraum (cm³):	4520
Bohrung x Hub (mm):	92 x 85
Leistung (kW/PS):	165/225 bei 5000 1/min,
ab November 1975	160/217 bei 5000 1/min,
Drehmoment (Nm/mkg):	378/38,5 bei 3000 1/min,
ab November 1975	360/36,7 bei 3250 1/min,
Verdichtung:	8,8 : 1
Ventilsteuerung:	ohc je Zylinderbank, Antrieb durch Duplex-Kette, 2 Ventile
Gemischaufbereitung:	Saugrohreinspritzung durch Bosch D-Jetronic,
ab November 1975	durch Bosch K-Jetronic
Getriebe:	3-Gang-Automatik mit hydraulischem Wandler, Mittelschaltung
Antriebs-Übersetzung:	3,07 : 1
Reifen v/h:	205/70 VR 14
Räder v/h:	6½ J x 14
Bremse v/h:	Zweikreis-Scheibenbremsen
Spurweite v/h (mm):	1452/1440
Radstand (mm):	2460; [2820]
Maße (L x B x H (mm)):	4390 x 1790 x 1300 [4750 x 1790 x 1330]
Leergewicht (kg):	1640 + 40 Hardtop [1690]
Beschleunigung 0–100:	9,3 s
Höchstgeschw. (km/h):	210 [200]

TECHNISCHE DATEN

Modell:	**450 SLC 5.0 (R 107 E 50) [500 SLC (C 107 E 50)]**
Bauzeit:	09.1977/05.1978 – 03.1980
Motor:	M 117 E 50
Zylinderzahl:	V8
Hubraum (cm³):	5025 [4973]
Bohrung x Hub (mm):	97 x 85 [96,5 x 85]
Leistung (kW/PS):	177/240 bei 5000 1/min
Drehmoment (Nm/mkg):	402/41 bei 3200 1/min
Verdichtung:	8,8 : 1
Ventilsteuerung:	ohc je Zylinderbank, 2 Ventile Antrieb durch Duplex-Kette
Gemischaufbereitung:	Saugrohreinspritzung durch Bosch K-Jetronic
Getriebe:	3-Gang-Automatik [4-Gang-Automatik mit hydraulischem Wandler], Mittelschaltung
Antriebs-Übersetzung:	2,72 : 1
Reifen v/h:	205/70 VR 14
Räder v/h:	6½ J x 14
Bremse v/h:	Zweikreis-Scheibenbremsen
Spurweite v/h (mm):	1452/1440
Radstand (mm):	2820
Maße (L x B x H (mm)):	4750 x 1790 x 1330
Leergewicht (kg):	1570
Beschleunigung 0–100:	8,5 s [7,8 s]
Höchstgeschw. (km/h):	225

Mit dem Fünfliter-Coupé appellierte Daimler-Benz an seine leistungsorientierten und fahrfreudigen Kunden. Mit dem Motor, dessen Kurbelgehäuse aus einer übereutektischen Aluminium-Silizium-Legierung bestand, betrat man Neuland in der Fertigung. Der Fünfliter-Motor wog 43 kg weniger als der 4,5-Liter-Motor und ermöglichte deutlich bessere Fahrleistungen bei geringerem Verbrauch. Karosserieteile aus Aluminium ergänzten das Leichtbauprogramm. Mit einem Preis von DM 63 504.- lag der 450 SLC 5.0 um DM 10 000.- über dem 450 SLC. Der 500 SLC unterschied sich von außen nicht vom 450 SLC 5.0. Er erhielt das Lenkrad der Baureihe 126, eine Viergang-Automatik und den Motor mit reduzierter Bohrung. Er kostete DM 67 122.-. Insgesamt wurden 2769 Coupés gebaut.

MERCEDES-BENZ 500 SL

Im April 1980 ersetzte der 500 SL den 450 SL. Er erhielt denselben Motor mit Aluminium-Kurbelgehäuse, wie er auch im 500 SE und 500 SLC eingebaut war. Äußerlich war er am Front- und Heckspoiler zu erkennen. Im Innenraum fiel das kleinere Lenkrad mit der schüsselförmigen Prallplatte auf. Mit den Modellpflegemaßnahmen, die im Herbst 1981 in die Serie einflossen, wurde der verbrauchsoptimierte Antriebsstrang der S-Klasse mit hohererer Verdichtung, niedrigerer Leistung, minimal höherem Drehmoment bei niedrigerer Drehzahl und längerer Übersetzung eingebaut. Im Herbst 1985 wurde der SL noch einmal überarbeitet und war nun an dem großen Frontspoiler und den 15-Zoll-Alu-Rädern zu erkennen. Die Motoren wurden in der Leistung angehoben und konnten nun mit einem geregelten Katalysator nachgerüstet (RÜF-Version) oder bereits mit geregeltem Katalysator geliefert werden. Letztere hatten deutlich weniger Leistung als die RÜF-Motoren. Der 500 SL kostete DM 89 091.-.Es wurden insgesamt 11 812 Roadster gebaut.

TECHNISCHE DATEN

Modell:	**500 SL (R 107 E 50)**
Bauzeit:	04.1980 – 08.1989
Motor:	M 117 E 50
Zylinderzahl:	V8
Hubraum (cm³):	4973
Bohrung x Hub (mm):	96,5 x 85
Leistung (kW/PS):	177/240 bei 5000 1/min,
ab Oktober 1981	170/231 bei 4750 1/min,
ab Oktober 1985	180/245 bei 4750 1/min RÜF
Drehmoment (Nm/mkg):	404/41 bei 3200 1/min
ab Oktober 1981	405/41,2 bei 3000 1/min
ab Oktober 1985	400/40,8 bei 3750 1/min RÜF
Verdichtung:	8,8 : 1, ab Oktober 1981: 9,2 : 1,
ab Oktober 1985	9,0 : 1
Ventilsteuerung:	ohc je Zylinderbank, Antrieb durch Duplex-Kette, 2 Ventile
Gemischaufbereitung:	Saugrohreinspritzung durch Bosch K-Jetronic,
ab Oktober 1985	durch Bosch KE-Jetronic
Getriebe:	4-Gang-Automatik mit hydraulischem Wandler, Mittelschaltung
Antriebs-Übersetzung:	2,72 : 1,
ab Oktober 1981	2,24 : 1
Reifen v/h:	205/70 VR 14,
ab Oktober 1985	205/65 VR 15
Räder v/h:	6½ J x 14,
ab Oktober 1985	7 J x 15 H2
Bremse v/h:	Zweikreis-Scheibenbremsen
Spurweite v/h (mm):	1452/1440
ab Oktober 1985	1461/1465
Radstand (mm):	2460
Maße (L x B x H (mm)):	4390 x 1790 x 1300
ab Oktober 1985	4390 x 1790 x 1305
Leergewicht (kg):	1570; 1610
Beschleunigung 0–100:	7,8 s
Höchstgeschw. (km/h):	225

TECHNISCHE DATEN

Modell:	**560 SL (R 107 E 56)**
Bauzeit:	06/09.1985 – 08.1989
Motor:	M 117 E 56
Zylinderzahl:	V8
Hubraum (cm³):	5547
Bohrung x Hub (mm):	96,5 x 94,8
Leistung (kW/PS):	170/231 bei 4750 1/min
Drehmoment (Nm/mkg):	380/38,7 bei 3250 1/min
Verdichtung:	9 : 1
Ventilsteuerung:	ohc je Zylinderbank, Antrieb durch Duplex-Kette, 2 Ventile
Gemischaufbereitung:	Saugrohreinspritzung durch Bosch KE-Jetronic
Getriebe:	4-Gang-Automatik mit hydraulischem Wandler, Mittelschaltung
Antriebs-Übersetzung:	2,47 : 1
Reifen v/h:	205/65 VR 15
Räder v/h:	7 J x 15H2
Bremse v/h:	Zweikreis-Scheibenbremsen
Spurweite v/h (mm):	1461/1465
Radstand (mm):	2460
Maße (L x B x H (mm)):	4580 x 1790 x 1297 mit Hardtop
Leergewicht (kg):	1680
Beschleunigung 0–88*:	6,4 s * 55 mph (USA-Modell)
Höchstgeschw. (km/h):	208

Der 560 SL war ein ausschließlich in den nordamerikanischen Markt geliefertes Modell, das dort mit seinem großvolumigen Motor das Leistungsdefizit ausgleichen sollte, welches durch die strengen Abgasbestimmungen entstanden war. So ist es kein Wunder, daß mit 49 347 gebauten Roadstern der 560 SL auf dem dritten Platz der Produktionshitliste der SL-Baureihe 107 steht. Aus diesem Grund verdient dieses Modell Beachtung, die über den USA-Markt hinausgeht.

MERCEDES-BENZ 280 S

Der 280 S war das preisgünstigste Modell der neuen S-Klasse W 116. Von außen war kein Unterschied zu den stärkeren Modellen festzustellen. Daß mittlerweile auch mit dem Vergasermotor Fahrleistungen erzielt wurden, die ein Jahrzehnt zuvor nicht einmal mit einem Dreiliter-Einspritzmotor erreichbar waren, honorierte der Markt nur bedingt. Der 280 S war nur noch das am zweithäufigsten verkaufte Modell der Baureihe. Produziert wurden 122 848 Limousinen. Der Preis betrug DM 23 800.-.

TECHNISCHE DATEN

Modell:	**280 S (W 116 V 28)**
Bauzeit:	08./09.1972 – 07.1980
Motor:	M 110 V 28
Zylinderzahl:	6 in Reihe
Hubraum (cm^3):	2746
Bohrung x Hub (mm):	86 x 78,8
Leistung (kW/PS):	118/160 bei 5500 1/min,
ab Anfang 1976	115/156 bei 5500 1/min
Drehmoment (Nm/mkg):	226/23 bei 4000 1/min,
ab Anfang 1976	223/227 bei 4000 1/min
Verdichtung:	9 : 1,
ab Anfang 1976	8,7 : 1
Ventilsteuerung:	dohc, Antrieb durch Duplex-Kette, 2 Ventile
Gemischaufbereitung:	1 Doppel-Register-Fallstrom-vergaser Solex 4 A 1
Getriebe:	4-Gang mit Mittelschaltung,
auf Wunsch	5-Gang
oder	4-Gang-Automatik mit hydraulischem Wandler, Mittel- oder Lenkradschaltung
Antriebs-Übersetzung:	3,69 : 1, bei 5-Gang: 3,92 : 1
Reifen v/h:	185 HR 14
Räder v/h:	6 J x 14
Bremse v/h:	Zweikreis-Scheibenbremsen
Spurweite v/h (mm):	1521/1505
Radstand (mm):	2865
Maße (L x B x H (mm)):	4960 x 1870 x 1425
Leergewicht (kg):	1660
Beschleunigung 0–100:	11,5 s
Höchstgeschw. (km/h)	190

TECHNISCHE DATEN

Modell:	**280 SE (W 116 E 28) [280 SEL (V 116 E 28)]**
Bauzeit:	08/09.1972 – 07.1980 [10.1973/04.1974 – 05.1980]
Motor:	M 110 E 28
Zylinderzahl:	6 in Reihe
Hubraum (cm³):	2746
Bohrung x Hub (mm):	86 x 78,8
Leistung (kW/PS):	136/185 bei 6000 1/min,
ab Anfang 1976	130/177 bei 6000 1/min,
ab Anfang 1978	136/185 bei 5800 1/min
Drehmoment (Nm/mkg):	238/24,3 bei 4500 1/min
ab Anfang 1976	233/23,8 bei 4500 1/min
ab Anfang 1978	240/24,5 bei 4500 1/min
Verdichtung:	8,7 : 1, ab Anfang 1978: 9 : 1
Ventilsteuerung:	ohc, Antrieb durch Duplex-Kette, 2 Ventile,
Gemischaufbereitung:	Saugrohreinspritzung durch Bosch D-Jetronic,
ab Anfang 1976	durch Bosch K-Jetronic
Getriebe:	4-Gang mit Mittelschaltung,
auf Wunsch	5-Gang
oder	4-Gang-Automatik mit hydraulischem Wandler, Mittel- oder Lenkradschaltung
Antriebs-Übersetzung:	3,69 : 1; bei 5 Gang: 3,92 : 1
Reifen v/h:	185 HR 14
Räder v/h:	6 J x 14 H 2
Bremse v/h:	Scheibenbremsen
Spurweite v/h (mm):	1521/1505
Radstand (mm):	2865 [2965]
Maße (L x B x H(mm)):	4960 x 1870 x 1425 [5060 x 1870 x 1430]
Leergewicht (kg)	1660 [1700]
Beschleunigung 0–100:	10,5 s
Höchstgeschw. (km/h):	200

Der 280 SE war das meistgebaute Modell der Baureihe 116. Der Einspritzmotor hatte dem Vergasermotor den Rang abgelaufen. Die Fahrleistungen waren mit Schaltgetriebe auf einem Niveau, das ein halbes Jahrzehnt zuvor niemand für möglich gehalten hatte. In der Motorenentwicklung wurden die Schwierigkeiten sichtbar, die bei der Umstellung von verbleitem auf unverbleites Benzin auftraten. Die elektronische Benzineinspritzung D-Jetronic wurde durch die mechanische K-Jetronic abgelöst. Auffallend war die kleine Produktionsstückzahl des 280 SEL, der als letzte der Langversionen auf den Markt kam. Die »Langen« hatten ihre Klientel bei Behörden- und Firmenfuhrparks. Vom 280 SE wurden 150 983 Exemplare und vom 280 SEL 7032 Limousinen gebaut. Der 280 SE kostete bei seinem Erscheinen DM 25 530.-, der 280 SEL war für DM 31698.- zu haben.

MERCEDES-BENZ 350 SE / 350 SEL

Der 350 SE stellte beim Erscheinen der Baureihe im Herbst 1972 zunächst das Spitzenmodell dar. Trotzdem war er nur ein Baustein in der fein abgestuften Typenhierarchie. Der SEL spielte auch hier nur eine untergeordnete Rolle. Für die meisten »Herrenfahrer« war das Raumangebot ausreichend. Von Anfang an war er wahlweise mit Schaltgetriebe und Automatik lieferbar. Der seidige Achtzylinder war auf hohe Drehzahlen angewiesen und brachte seine Talente eher mit dem Schaltgetriebe zur Geltung. Er wurde deshalb eher von sportlich orientierten Fahrern genutzt. Von außen war er von den Modellen mit Sechszylinder-Motor nur an den breiteren Reifen zu unterscheiden. 51 100 Exemplare wurden vom 350 SE gebaut, vom 350 SEL entstanden 4266 Limousinen. Die Preise betrugen bei Erscheinen für den 350 SE DM 28 860.- und für den 350 SEL DM 33 933.-.

TECHNISCHE DATEN

Modell:	**350 SE (W 116 E 35) [350 SEL (V 116 E 35)]**
Bauzeit:	03/08.1972 – 09.1980; [10.1973/04.1974 – 05.1980]
Motor:	M 116 E 35
Zylinderzahl:	V8
Hubraum (cm³):	3499
Bohrung x Hub (mm):	92 x 65,8
Leistung (kW/PS):	147/200 bei 5800 1/min,
ab Anfang 1976	143/195 bei 5500 1/min,
ab Anfang 1978	151/205 bei 5750 1/min
Drehmoment (Nm/mkg):	287/29,2 bei 4000 1/min,
ab Anfang 1976	275/28 bei 4000 1/min,
ab Anfang 1978	285/29 bei 4000 1/min
Verdichtung:	9,5 : 1,
ab Anfang 1976	9,0 : 1
Ventilsteuerung:	ohc je Zylinderbank, Antrieb durch Duplex-Kette, 2 Ventile
Gemischaufbereitung:	Saugrohreinspritzung durch Bosch D-Jetronic,
ab Anfang 1976	durch Bosch K-Jetronic
Getriebe:	4-Gang mit Mittelschaltung,
auf Wunsch	3-Gang-Automatik mit hydraulischem Wandler, Lenkrad- oder Mittelschaltung
Antriebs-Übersetzung:	3,46 : 1
Reifen v/h:	205/70 HR 14
Räder v/h:	$6^1/_2$ J x 14
Bremse v/h:	Zweikreis-Scheibenbremsen
Spurweite v/h (mm):	1521/1505
Radstand (mm):	2865 [2965]
Maße (L x B x H (mm)):	4960 x 1870 x 1425 [5060 x 1870 x 1430]
Leergewicht (kg):	1725 [1760]
Beschleunigung 0 – 100:	9,5 s Schaltgetriebe 10,3 s Automatik
Höchstgeschw. (km/h):	205 Schaltgetriebe 200 Automatik

TECHNISCHE DATEN

Modell:	**450 SE (W 116 E 45) [450 SEL (V 116 E 45)]**
Bauzeit:	08/12.1972 – 04.1980 [12.1972/02.1973 – 06.1980]
Motor:	M 117 E 45
Zylinderzahl:	V8
Hubraum (cm³):	4520
Bohrung x Hub (mm):	92 x 85
Leistung (kW/PS):	165/225 bei 5000 1/min,
ab November 1975	160/217 bei 5000 1/min,
ab Anfang.1978	165/225 bei 5000 1/min
Drehmoment (Nm/mkg):	378/38,5 bei 3000 1/min,
ab November 1975	360/36,7 bei 3000 1/min,
ab Anfang 1978	368/37,5 bei 3250 1/min
Verdichtung:	8,8 : 1
Ventilsteuerung:	ohc je Zylinderbank, Antrieb durch Duplex-Kette, 2 Ventile
Gemischaufbereitung:	Saugrohreinspritzung durch Bosch D-Jetronic,
ab November 1975	durch Bosch K-Jetronic
Getriebe:	3-Gang-Automatik mit hydr. Wandler, Lenkrad- oder Mittelschaltung
Antriebs-Übersetzung:	3,07 : 1
Reifen v/h:	205/70 VR 14
Räder v/h:	6½ J x 14
Bremse v/h:	Zweikreis-Scheibenbremsen
Spurweite v/h (mm):	1521/1505
Radstand (mm):	2860; [2960]
Maße (L x B x H (mm)):	4960 x 1870 x 1425 [5060 x 1870 x 1430]
Leergewicht (kg)	1790 [1825]
Beschleunigung 0–100:	10,5 s D-Jetronic, 11,1 s K-Jetronic
Höchstgeschw. (km/h):	212 D-Jetronic, 210 K-Jetronic

Die im März 1973 präsentierten 450 SE/SEL waren die Stars der Baureihe 116. Mit über 100 000 gebauten Achtzylindern brachten sie den Durchbruch der Großvolumen-Motoren bei Daimler-Benz. Äußerlich von den kleinen Achtzylindern nicht zu unterscheiden, verbargen sie unter dem Blech eine Menge technischer Details. Sie wurden ausschließlich mit einem 3-Gang-Automatik-Getriebe geliefert, mit dem der große Motor am besten harmonierte. Als Hinterachse wurde eine Koppelachse eingebaut. Diese unterband über getrennte Rad- und Bremsträger und Wattgestänge das Absinken des Hecks beim Beschleunigen. Diese Typen boten zu ihrer Zeit das optimale Preis-Leistungsverhältnis im Bereich der Luxuslimousinen. Vom 450 SE wurden 41 604 gebaut, vom 450 SEL 59 578 Limousinen. Der 450 SE kostete DM 33 966.-, der 450 SEL DM 38 573.-

MERCEDES-BENZ 450 SEL 6.9

Der 450 SEL 6.9 sollte technische Demonstration im Gewand des Mr. Everybody darstellen. Automatik mit Tempomat, Klimaanlage, Velourspolster und Drehzahlmesser gehörten zur Serienausstattung. Unter dem Blech verbarg sich ein hydropneumatisches Federungssystem, das in Verbindung mit der bekannten Koppelachse zu hervorragenden Fahr- und Federungseigenschaften führte. Im Vergleich zum 300 SEL 6.3 fehlte die die explosionsartige Beschleunigung aus niedrigem Speed. Im oberen Geschwindigkeitsbereich konnte sich der 6.9 dank mehr Leistung und längerer Achsübersetzung wirkungsvoll in Szene setzen. Gebaut wurden 7380 Limousinen. Der Preis betrug DM 69 930.-.

TECHNISCHE DATEN

Modell:	**450 SEL 6.9 (V 116 E 69)**
Bauzeit:	02/09.1975 – 05.1980
Motor:	M 100 E 69
Zylinderzahl:	V8
Hubraum (cm³):	6786
Bohrung x Hub (mm):	107 x 95
Leistung (kW/PS):	210/286 bei 4250 1/min,
Drehmoment (Nm/mkg):	550/56 bei 3000 1/min,
Verdichtung:	8,8 : 1
Ventilsteuerung:	ohc je Zylinderbank, Antrieb durch Duplex-Kette, 2 Ventile
Gemischaufbereitung:	Saugrohreinspritzung durch Bosch K-Jetronic
Getriebe:	3-Gang-Automatik mit hydraulischem Wandler, Mittelschaltung
Antriebs-Übersetzung:	2,65 : 1
Reifen v/h:	215/70 VR 14
Räder v/h:	6½ J x 14
Bremse v/h:	Zweikreis-Scheibenbremsen
Spurweite v/h (mm):	1521/1505
Radstand (mm):	2960
Maße (L x B x H (mm)):	5060 x 1870 x 1410
Leergewicht (kg):	1985 + 40 mit Niveauanhebung
Beschleunigung 0–100:	7,4 s
Höchstgeschw. (km/h):	225

Der 300 SD war ein ausschließlich für den US-Markt bestimmtes Fahrzeug, das dort sehr erfolgreich war. Um die Bestimmungen des Flottenverbrauchs einhalten zu können, wurde ihm die aufgeladene Version des Fünfzylinder-Dieselmotors eingebaut. Dies war der erste serienmäßige Turbodiesel-PKW der Welt. Der Motor war ab 1979 in Form des 300 TD Turbodiesel auch im Inland erhältlich. In der US-Version gab die Karosserie für europäische Verhältnisse ein ungewöhnliches Bild ab. Um die damals neuen US-Crashnormen erfüllen zu können, standen die Stoßstangen vorne und hinten ab, um bei einem Aufprall über zusätzlichen Verformungsweg zu verfügen. Gebaut wurden 28 634 Diesel-Limousinen im S-Klasse-Format, der Preis in den USA betrug 25 000.- US-Dollar.

TECHNISCHE DATEN

Modell:	**300 SD (W 116 D 30 A)**
Bauzeit:	02.1977 – 05.1978
Motor:	OM 617 A
Zylinderzahl:	5 in Reihe
Hubraum (cm³):	2998
Bohrung x Hub (mm):	90,9 x 92,4
Leistung (kW/PS):	85/115 bei 4200 1/min,
Drehmoment (Nm/mkg):	231/23,5 bei 2400 1/min,
Verdichtung:	21,5 : 1
Ventilsteuerung:	ohc, Antrieb durch Duplex-Kette, 2 Ventile
Gemischaufbereitung:	Vorkammereinspritzung durch Bosch-Fünfstempelpumpe, Garret Abgas-Turbolader
Getriebe:	4-Gang-Automatik mit hydraulischem Wandler, Mittelschaltung
Antriebs-Übersetzung:	3,07 : 1
Reifen v/h:	185 HR 14
Räder v/h:	6 J x 14
Bremse v/h:	Zweikreis-Scheibenbremsen
Spurweite v/h (mm):	1521/1505
Radstand (mm):	2865
Maße (L x B x H (mm)):	5220 x 1870 x 1425
Leergewicht (kg):	1815
Beschleunigung 0–100:	17 s
Höchstgeschw. (km/h):	165

MERCEDES-BENZ 200

Die 200er waren nicht die Renner im Verkaufsprogramm der Daimler-Benz AG, aber sie waren als Einstiegsmodelle in die noble »Sternenwelt« unverzichtbar. Der Motor wurde zunächst vom Vorgängermodell übernommen und im August 1980 durch eine Neukonstruktion abgelöst. Hauptmerkmale des M 102 waren der Querstromzylinderkopf mit V-förmig hängenden Ventilen, die Kurbelwelle mit acht Gegengewichten, leichte Kolben und ein drei Millimeter kürzerer Hub. Das Ergebnis waren bessere Fahrleistungen bei geringerem Verbrauch. Im September 1982 erhielten alle Modelle der Baureihe die rechteckigen Scheinwerfer des 280/280 E und serienmäßig die Servolenkung. ABS war bei den 123ern seit August 1980, der Airbag seit Januar 1982 gegen Aufpreis lieferbar. Der 200 mit M 115-Motor kostete DM 18 381,60, es wurden 158 772 Stück gebaut. Der 200 mit M 102 kostete DM 22 554,80, es wurden 217 315 Stück gebaut.

TECHNISCHE DATEN

Modell:	**200 (W 123 V 20) [200 (W 123 V 20)]**
Bauzeit:	07.1975/02.1976 – 08.1980 [10.1979/08.1980 – 11.1985]
Motor:	M 115 V 20 [M 102 V 20]
Zylinderzahl:	4 in Reihe
Hubraum (cm³):	1988 [1997]
Bohrung x Hub (mm):	87 x 83,6 [89 x 80,25]
Leistung (kW/PS):	69/94 [80/109]
Drehmoment (Nm/mkg):	158/16,1 bei 3000 1/min [170/17,3 bei 3000 1/min]
Verdichtung:	9,0 : 1
Ventilsteuerung:	ohc, Antrieb durch Duplex-Kette, 2 Ventile [ohc, Antrieb durch Einfachkette, 2 V-förmig hängende Ventile]
Gemischaufbereitung:	1 Flachstromvergaser Stromberg 175 CDTU [175 CDT]
Getriebe:	4-Gang mit Mittelschaltung,
auf Wunsch	4-Gang-Automatik mit Lenkrad- oder Mittelschaltung
oder ab Oktober 1981	5-Gang-Schaltgetriebe
Antriebs-Übersetzung:	3,92 : 1 [3,69 : 1]
Reifen v/h:	175 SR 14
Räder v/h:	5½ J x 14
Bremse v/h:	Zweikreis-Scheibenbremsen
Spurweite v/h (mm):	1448/1446
Radstand (mm):	2795
Maße (L x B x H (mm)):	4725 x 1786 x 1438
Leergewicht (kg):	1390 + 40 Automatik
Beschleunigung 0–100:	15,2 s [14,4 s]
Höchstgeschw. (km/h):	160

TECHNISCHE DATEN

Modell:	**230 (W 123 V 23) [230 E (W 123 E 23)]**
Bauzeit:	07.1975/02.1976 – 08.1980 [10.1979/07.1980 – 11.1985]
Motor:	M 115 V 23 [M 102 E 23]
Zylinderzahl:	4 in Reihe
Hubraum (cm^3):	2308 [2299]
Bohrung x Hub (mm):	93,75 x 83,6 [95,5 x 80,25]
Leistung (kW/PS):	80/109 bei 4800 1/min [100/136 bei 5100 1/min]
Drehmoment (Nm/mkg):	186/18,9 bei 3000 1/min [205/20,9 bei 3500 1/min]
Verdichtung:	9 :1
Ventilsteuerung:	ohc, Antrieb durch Duplex-Kette, 2 Ventile [ohc, Antrieb durch Einfachkette, 2 Ventile]
Gemischaufbereitung:	1 Flachstromvergaser Stromberg 175 CDT [Saugrohreinspritzung durch Bosch K-Jetronic]
Getriebe:	4-Gang mit Mittelschaltung,
auf Wunsch	4-Gang-Automatik mit Lenkrad- oder Mittelschaltung
oder ab Oktober 1981	5-Gang-Schaltgetriebe
Antriebs-Übersetzung:	3,69 : 1 [3,58 : 1]
Reifen v/h:	175 SR 14; [175 HR 14]
Räder v/h:	5½ x 14
Bremse v/h:	Zweikreis-Scheibenbremsen
Spurweite v/h (mm):	1448/1446
Radstand (mm):	2795
Maße (L x B x H (mm)):	4725 x 1786 x 1438
Leergewicht (kg):	1400 + 40 Automatik: [1410 + 40 Automatik]
Beschleunigung 0–100:	13,7 s [11,5 s]
Höchstgeschw. (km/h):	170 [180]

Der 230 entwickelte sich, aufgrund seines im Vergleich zum 200 günstigen Preis-/Leistungsverhältnisses, zum meistverkauften Modell mit Benzinmotor. Äusserlich bestand kein Unterschied zum Zweiliter. Fahrleistungen und Verbrauch waren nicht herausragend. Letztere lagen auf dem hohen Niveau des 250. Mit dem neuen 2,3 Liter-Motor mit Querstromzylinderkopf und V-förmig hängenden Ventilen hielt die Benzineinspritzung auch bei den Vierzylindern Einzug. Das Ergebnis waren Fahrleistungen, die dem 250 nahe kamen bei deutlich geringerem Verbrauch, auch gegenüber dem Vorgänger mit Vergasermotor.

Der 230 kostete DM 19 203-, es wurden 195 920 Limousinen und 265 Fahrgestelle gebaut.

Der 230 E kostete DM 25 221,60, es wurden 245 588 Limousinen und 294 Fahrgestelle gebaut.

MERCEDES-BENZ 250

Der 250 erhielt als einziges Modell der Baureihe 123 einen neuen Motor, den M 123. Dieser ersetzte den angegrauten M 180 des 230.6. Der Zylinderkopf wurde im Prinzip vom M 180 übernommen. Der Zylinderblock mit gleichen Zylinderabständen konnte zusammen mit dem des M 110 gefertigt werden. Die Kurbelwelle hatte nur vier Hauptlager. Als Problemfall erwies sich der Solex 4 A1 Vergaser, der für häufigen Ärger und hohen Verbrauch sorgte. Im September 1979 wurde die Leistung auf 140 PS erhöht. Ab Juli 1976 war ein verlängertes Chassis für Sonderaufbauten lieferbar, ab September 1977 auch die verlängerte Limousine. Äußerlich entsprach der 250 bis September 1982 den Vierzylinder-Modellen. Danach erhielten alle die rechteckigen Scheinwerfer des 280/280 E. Der 250 kostete DM 21 767,10. Es wurden 114 756 Limousinen gebaut. Der 250 lang kostete DM 34 798,50. Es wurden 5180 Limousinen und 2888 Fahrgestelle gebaut.

TECHNISCHE DATEN

Modell:	**250 (W 123 V 25) [250 lang (V 123 V 25)]**
Bauzeit:	07.1975/04.1976 – 12.1985 [09.1977 – 11.1985]
Motor:	M 123 V 25
Zylinderzahl:	6 in Reihe
Hubraum (cm^3):	2525
Bohrung x Hub (mm):	86 x 72,45
Leistung (kW/PS):	95/129 bei 5500 1/min,
ab September 1979	103/140 bei 5500 1/min
Drehmoment (Nm/mkg):	196/20 bei 3500 1/min,
ab September 1979	79 200/20,4 bei 3500 1/min
Verdichtung:	8,7 :1,
ab September 1979	9,0 : 1
Ventilsteuerung:	ohc, Antrieb durch Einfach-Kette, 2 Ventile
Gemischaufbereitung:	1 Fallstrom Doppel-Register-vergaser Solex 4 A 1
Getriebe:	4-Gang mit Mittelschaltung,
auf Wunsch	4-Gang-Automatik mit Lenkrad- oder Mittelschaltung
oder ab Oktober 1981	5-Gang-Schaltgetriebe
Antriebs-Übersetzung:	3,69 : 1 [3,92 : 1]
Reifen v/h:	175 SR 14; [185 HR 15]
ab September 1979	175 HR 14
Räder v/h:	$5^{1}/_{2}$ J x 14; [$5^{1}/_{2}$ J x 15]
Bremse v/h:	Zweikreis-Scheibenbremsen
Spurweite v/h (mm):	1488/1446 [1477/1430]
Radstand (mm):	2795 [3425]
Maße (L x B x H (mm)):	4725 x 1786 x 1438 [5355 x 1786 x 1480]
Leergewicht (kg):	1410 + 40 Automatik [1620 + 40 Automatik]
Beschleunigung 0–100:	11,3
Höchstgeschw. (km/h):	185 [180]

TECHNISCHE DATEN

Modell:	**280 (W 123 V 28) [280 E (W 123 E 28)]**
Bauzeit:	07/12.1975 – 07.1981 [07/12.1975 – 12.1985]
Motor:	M 110 V 28 [M 110 E 28]
Zylinderzahl:	6 in Reihe
Hubraum (cm³):	2746
Bohrung x Hub (mm):	86,0 x 78,8
Leistung (kW/PS):	115/156 bei 5500 1/min [130/177 bei 6000 1/min,
ab April 1978	136/185 bei 5800 1/min]
Drehmoment (Nm/mkg):	223/22,7 bei 4000 1/min [234/23,8 bei 4500 1/min,
ab April 1978	240/24,5 bei 4500 1/min]
Verdichtung:	8,7 : 1 [8,7 : 1, ab 04.1978: 9 : 1]
Ventilsteuerung:	dohc, Antrieb durch Duplex-Kette, 2 Ventile,
Gemischaufbereitung:	1 Doppel-Register Fallstromvergaser Solex 4 A 1 [Saugrohreinspritzung durch Bosch K-Jetronic]
Getriebe:	4-Gang mit Mittelschaltung
auf Wunsch	4-Gang-Automatik mit Lenkrad- oder Mittelschaltung
oder ab Oktober 1981	5-Gang-Schaltgetriebe
Antriebs-Übersetzung:	1 : 3.54
Reifen v/h:	195/70 HR 14
Räder v/h:	6 J x 14 H 2
Bremse v/h:	Zweikreis-Scheibenbremsen
Spurweite v/h (mm):	1488/1446
Radstand (mm):	2795
Maße (L x B x H (mm)):	4725 x 1786 x 1438
Leergewicht (kg):	1505 + 40 Automatik [1510 + 40 Automatik]
Beschleunigung 0–100:	10,6 s [9,9 s]
Höchstgeschw. (km/h):	190 [200]

280 und 280 E waren die Topmodelle der Baureihe 123. Äusserlich hoben sie sich bis September 1982 durch die Rechteckscheinwerfer von den Modellen 200 bis 250 ab. Innen wiesen bescheidene Holzapplikationen am Armaturenbrett auf den Status innerhalb der Baureihe hin. Die Fahrleistungen lagen wegen der längeren Übersetzung und des schlechteren c_W-Werts der 123er-Karosserie eher unter denen der Vorgänger. Deshalb wurde die Einspritzversion zum April 1978 überarbeitet und die Leistung angehoben.
Der 280 wurde nur bis Juli 1981 gebaut, da für ihn zwischen dem 230 E, 250 und dem 280 E kein sinnvolles Marktsegment mehr bestand. Der 280 kostete DM 24 997,-. Es wurden 33 206 Stück gebaut.
Der 280 E kostete DM 26 895,-. Es wurden 126 004 Stück gebaut. Außerdem wurden von ihm 371 Fahrgestelle mit verlängertem Radstand (3425 mm) produziert.

Obwohl für die beiden kleinsten Diesel die berühmten drei »l« für laut, lahm und legendär galten, waren sie in der Käufergunst nicht kleinzukriegen. Damals waren Diesel-PKW und Daimler-Benz noch zwei Begriffe, die untrennbar miteinander verknüpft waren. Deshalb bemühte man sich durch ein dicht gestaffeltes Programm, keine Marktlücke offen zu lassen. Als man im Februar 1979 die Leistung des Zweiliter-Motors um 5 PS anhob, verlor der 2,2-Liter, der aufgrund seines rauhen Motorlaufs durch den langen Hub nie besonders populär war, seine Daseinsberechtigung. Ab September 1979 wurde das kleinere Lenkrad des W 126 eingebaut. Im September 1982 erhielten alle Modelle Rechteckscheinwerfer.
Der 200 D kostete DM 18 870.-.
Es wurden 378 138 Stück gebaut.
Der 220 D kostete DM 19 558.-.
Von ihm wurden nur 56 738 Stück gebaut.

TECHNISCHE DATEN

Modell:	**200 D (W 123 D 20) [220 D (W 123 D 22)]**
Bauzeit:	07.1975/02.1976 – 04.1985; [07.1975/02.1976 – 03.1979]
Motor:	OM 615 D 20 [OM 615 D 22]
Zylinderzahl:	4 in Reihe
Hubraum (cm^3):	1988 [2197]
Bohrung x Hub (mm):	87 x 83,6 [87 x 92,4]
Leistung (kW/PS):	40/55 bei 4200 1/min,
ab Februar 1979	44/60 bei 4400 1/min [44/60 bei 4200 1/min]
Drehmoment (Nm/mkg):	113/11,5 bei 2400 1/min [126/12,8 bei 2400 1/min]
Verdichtung:	21 : 1
Ventilsteuerung:	ohc, Antrieb durch Duplex-Kette, 2 Ventile
Gemischaufbereitung:	Vorkammereinspritzung durch Bosch Vierstempelpumpe
Getriebe:	4-Gang mit Mittelschaltung,
auf Wunsch	4-Gang-Automatik mit Lenkrad- oder Mittelschaltung
oder ab Februar 1982	5-Gang-Schaltgetriebe
Antriebs-Übersetzung:	3,92 : 1
Reifen v/h:	175 SR 14
Räder v/h:	$5^1/_2$ J x 14 H2
Bremse v/h:	Zweikreis-Scheibenbremsen
Spurweite v/h (mm):	1488/1446
Radstand (mm):	2795
Maße (L x B x H (mm)):	4725 x 1 786 x 1438
Leergewicht (kg):	1430
Beschleunigung 0–100:	33,2 s [29,1 s]
Höchstgeschw. (km/h):	125 [130]

TECHNISCHE DATEN

Modell:	**240 D (W 123 D 24); [240 D lang (V 123 D 24)]**
Bauzeit:	07.1975/02.1976 – 11.1985; [09.1977 – 11.1985/07.1976-10.1985]
Motor:	OM 616 D 24
Zylinderzahl:	4 in Reihe
Hubraum (cm³):	2404
Bohrung x Hub (mm):	91 x 92,4
Leistung (kW/PS):	48/65 bei 4200 1/min,
ab Aug.78	53/72 bei 4400 1/min
Drehmoment (Nm/mkg):	137/14 bei 2400 1/min
Verdichtung:	21 : 1
Ventilsteuerung:	ohc, Antrieb durch Duplex-Kette, 2 Ventile
Gemischaufbereitung:	Vorkammereinspritzung durch Bosch Vierstempelpumpe
Getriebe:	4-Gang mit Mittelschaltung,
auf Wunsch	4-Gang-Automatik mit Lenkrad- oder Mittelschaltung
oder ab Februar 1982	5-Gang-Schaltgetriebe
Antriebs-Übersetzung:	3,69 : 1 [3,92 : 1]
Reifen v/h:	175 SR 14 [185 HR 15]
Räder v/h:	5½ x 14 H2 [5½ x 15 H2]
Bremse v/h:	Zweikreis-Scheibenbremsen,
Spurweite v/h (mm):	1488/1446 [1477/1430]
Radstand (mm):	2795 [3425]
Maße (L x B x H (mm)):	4725 x 1786 x 1438 [5355 x 1786 x 1480]
Leergewicht (kg):	1435 + 40 Automatik [1635 + 40 Automatik]
Beschleunigung 0–100:	65 PS: 27,4 s; 72 PS: 22 s
Höchstgeschw. (km/h):	65 PS: 133; 72 PS: 142

Unter den Dieselfahrern fand das höhere Leistungsangebot des 240 D große Zustimmung. Dieses Modell wurde zum mit Abstand meistgebauten Fahrzeug der Baureihe W 123. Bereits ein halbes Jahr nach Vorstellung der Limousinen war das Chassis mit normalem und verlängertem Radstand lieferbar. Diese Variante wurde hauptsächlich für Kranken- und Bestattungswagenaufbauten verwendet. Ein Jahr später waren auch Limousinen mit langem Radstand erhältlich. Ab Oktober 1977 konnte der Motor anstatt mit dem Zugknopf, mit dem Zündschlüssel gestartet werden. Im August 1978 wurde die Leistung auf 72 PS angehoben. Ab Februar 1982 konnte in der gesamten Baureihe auf Wunsch über ein Fünfgang-Getriebe verfügt werden. Der 240 D kostete DM 20 146.-. Es wurden 448 986 Limousinen und 794 Fahrgestelle gebaut. Der 240 D lang kostete DM 33 100,20. Es wurden 3841 Exemplare und 1159 Fahrgestelle gebaut.

MERCEDES-BENZ 300 D

Mit dem 300 D dokumentierte Daimler-Benz auch nach außen konsequent seinen Führungsanspruch im Bereich Diesel-PKW. Äußerlich und im Innenraum gab man sich bescheiden: Nichts, außer dem Typenschild, wies auf den hubraumstärksten Diesel-PKW hin. Lediglich am Lenkrad war der Unterschied zu spüren, der 300 D hatte die Servolenkung serienmäßig. Im September 1979 wurde die Motorleistung um 10% auf 88 PS erhöht. Der Abstand zum 240 D war wieder hergestellt. Ab Februar 1982 war ein Fünfgang-Getriebe als Sonderausstattung verfügbar. Höhere Laufkultur und für einen Diesel-PKW beachtliche Fahrleistungen, bei moderatem Mehrpreis gegenüber dem 240 D, kennzeichnen die Position des 300 D, der DM 23 321.- kostete. Es wurden 324 718 Limousinen gebaut. Der 300 D mit langem Radstand kostete DM 34 699.-. Von ihm wurden 4679 Limousinen und 2602 Fahrgestelle produziert.

TECHNISCHE DATEN

Modell:	**300 D (W 123 D 30)** **[300 D lang (V 123 D 30)]**
Bauzeit:	07.1975/02.1976 – 08.1980; [09.1977 – 11.1985/07.1976 – 10.1985]
Motor:	OM 617
Zylinderzahl:	5 in Reihe
Hubraum (cm³):	3005
Bohrung x Hub (mm):	90,9 x 92,4
Leistung (kW/PS):	59/80 bei 4000 1/min,
ab September 1979	65/88 bei 4400 1/min
Drehmoment (Nm/mkg):.	172/17,5 bei 2400 1/min
Verdichtung:	21 : 1
Ventilsteuerung:	ohc, Antrieb durch Duplex-Kette, 2 Ventile
Gemischaufbereitung:	Vorkammereinspritzung durch Bosch Fünfstempelpumpe
Getriebe:	4-Gang mit Mittelschaltung,
auf Wunsch	4-Gang-Automatik mit Lenkrad- oder Mittelschaltung
oder ab Februar 1982	5-Gang-Schaltgetriebe
Antriebs-Übersetzung:	3,46 : 1 [3,69 : 1]
Reifen v/h:	175 SR 14 [195/70 HR 14]
Räder v/h:	5½ J x 14 H2 [6 J x 14 H2]
Bremse v/h:	Zweikreis-Scheibenbremsen
Spurweite v/h (mm):	1488/1446 [1477/1430]
Radstand (mm):	2795 [3425]
Maße (L x B x H (mm)):	4725 x 1786 x 1438 [5355 x 1786 x 1480]
Leergewicht (kg):	1495 + 40 Automatik [1680 + 40 Automatik]
Beschleunigung 0–100:	80 PS: 19,9 s; 88 PS: 17,8 s
Höchstgeschw. (km/h):	80 PS: 148; 88 PS: 155

TECHNISCHE DATEN

Modell:	**300 D Turbodiesel (W123 D 30 A)**
Bauzeit:	04/08.1981 – 08.1985
Motor:	OM 617 A
Zylinderzahl:	5 in Reihe
Hubraum (cm³):	3005
Bohrung x Hub (mm):	90,9 x 92,4
Leistung (kW/PS):	92/125 bei 4350 1/min
Drehmoment (Nm/mkg):	205/25,5 bei 2400 1/min
Verdichtung:	21,5 : 1
Ventilsteuerung:	ohc, Antrieb durch Duplex-Kette, 2 Ventile
Gemischaufbereitung:	Vorkammereinspritzung durch Bosch Fünfstempelpumpe und Garret Abgas-Turbolader
Getriebe:	4-Gang-Automatik mit Mittelschaltung
Antriebs-Übersetzung:	3,07 : 1
Reifen v/h:	195/70 HR 14
Räder v/h:	6 J x 14 H2
Bremse v/h:	Zweikreis-Scheibenbremsen
Spurweite v/h (mm):	1488/1446
Radstand (mm):	2795
Maße (L x B x H (mm)):	4848 x 1786 x 1438
Leergewicht (kg):	1625
Beschleunigung 0–100:	14,0 s
Höchstgeschw. (km/h):	165

Der 300 D Turbodiesel wurde nur in die USA geliefert. Warum Europa ausgeschlossen blieb, nachdem dort dasselbe Auto als T-Modell angeboten wurde, ist bis heute nicht nachvollziebar. In den USA war der 300 D Turbodiesel ein durchschlagender Erfolg, die 75 261 gebauten Limousinen belegen das überzeugend. Äußerlich und in der Ausstattung entsprach er der USA-Version des 300 D mit Saugmotor.

MERCEDES-BENZ 230 C / 230 CE

1977 wurden in Genf die Coupés der Baureihe 123 vorgestellt. Zum ersten Mal lieferte Daimler-Benz auch Vierzylindermotoren im aufwendiger gestalteten Coupé. Daß sie 25% teurer waren als die entsprechenden Limousinen, tat dem Erfolg keinen Abbruch. Als Trost für den erheblichen Aufpreis hatten auch die Vierzylinder-Coupés im Gegensatz zu den Limousinen von Anfang an serienmäßig Servolenkung und Leuchteinheiten mit rechteckigen Scheinwerfern. Äusserlich unterschieden sie sich überhaupt nicht von den nochmals teureren Sechszylinder-Modellen. Ab September 1979 wurde das kleinere Lenkrad des W 126 übernommen. Mit Einsatz der neuen Vierzylinder-Motoren war ab April 1980 nur noch der 230 CE lieferbar, der in Fahrleistungen und Verbrauch einen deutlichen Fortschritt darstellte. Der 230 C kostete DM 25 063,80. Es wurden 18 675 Coupés gebaut. Der 230 CE kostete DM 30 837,70. Von ihm wurden 29 858 Fahrzeuge gebaut.

TECHNISCHE DATEN

Modell:	**230 C (C 123 V 23) [230 CE (C 123 E 23)]**
Bauzeit:	11.1976/06.1977 – 06.1980; [02/04.1980 – 08.1985]
Motor:	M 115 V 23 [M 102 E 23]
Zylinderzahl:	4 in Reihe
Hubraum (cm³):	2307 [2299]
Bohrung x Hub (mm):	93,75 x 83,6 [95,5 x 80,25]
Leistung (kW/PS):	80/109 bei 4800 1/min [100/136 bei 5100 1/min]
Drehmoment (Nm/mkg):	186/18,9 bei 3000 1/min [205/20,9 bei 3500 1/min]
Verdichtung:	9 : 1
Ventilsteuerung:	ohc, Antrieb durch Duplex-Kette, 2 Ventile [dohc, Antrieb durch Einfach-Kette, 2 V-förmig hängende Ventile]
Gemischaufbereitung:	1 Flachstromvergaser Stromberg 175 CDT [Saugrohreinspritzung durch Bosch K-Jetronic]
Getriebe:	4-Gang mit Mittelschaltung,
auf Wunsch	4-Gang-Automatik mit Lenkrad- oder Mittelschaltung
oder ab Oktober 1981	5-Gang-Schaltgetriebe
Antriebs-Übersetzung:	3,69 : 1 [3,58 : 1]
Reifen v/h:	175 SR 14 [175 HR 14]
Räder v/h:	5½ J x 14
Bremse v/h:	Zweikreis-Scheibenbremsen
Spurweite v/h (mm):	1488/1446
Radstand (mm):	2710
Maße (L x B x H (mm)):	4640 x 1786 x 1438
Leergewicht (kg):	1400 + 40 Automatik [1410 + 40 Automatik]
Beschleunigung 0–100:	13,7 s [11,5 s]
Höchstgeschw. (km/h):	170 [180]

Im Gegensatz zum Vorgänger waren die 123er Coupés gelungene Automobile geworden. Hier stimmten die Proportionen, man hatte nicht das Gefühl, als sei einfach das Dach abgeschnitten worden. Äußerlich gleich, unterschieden sie sich nur durch die Motorvarianten, wobei der Einspritzmotor in diesem Produktsegment dem Vergasermotor den Rang so deutlich ablief, daß dieser nur noch 11 Prozent am Anteil des 280 CE erreichte. Deshalb beendete der 280 C bereits im Juni 1980 seine Karriere. Im April 1978 wurde die Motorleistung des 280 CE wieder auf den Stand vor dem Modellwechsel angehoben. Im September 1979 wurde das kleinere Lenkrad aus dem W 126 eingeführt. Der 280 C kostete DM 29 847,90. Es wurden 3704 Fahrzeuge gebaut.
Der 280 CE kostete DM 31 834,80. Es wurden 32 138 Exemplare produziert. Damit war er das meistgebaute Coupé dieser Baureihe.

TECHNISCHE DATEN

Modell:	**280 C (C 123 V 28) [280 CE (C 123 E 28)]**
Bauzeit:	11.1976/04 1977 – 06.1980 [10.1976/04.1977 – 08.1985]
Motor:	M 110 V 28 [M 110 E 28]
Zylinderzahl:	6 in Reihe
Hubraum (cm³):	2746
Bohrung x Hub (mm):	86 x 78,8
Leistung (kW/PS):	115/156 bei 5500 1/min [130/177 bei 6000 1/min,
ab April 1978	136/185 bei 5800 1/min]
Drehmoment (Nm/mkg):	223/22,7 bei 4000 1/min [234/23,8 bei 4500 1/min,
ab April 1978	240/24,5 bei 4500 1/min]
Verdichtung:	8,7 : 1 [8,7 : 1, ab 04.1978: 9,0 : 1]
Ventilsteuerung:	dohc, Antrieb durch Duplex-Kette, 2 V-förmig hängende Ventile,
Gemischaufbereitung:	1 Doppel-Register-Fallstrom-Vergaser Solex 4 A 1 [Saugrohreinspritzung durch Bosch K-Jetronic]
Getriebe:	4-Gang mit Mittelschaltung,
auf Wunsch	4-Gang-Automatik mit Lenkrad- oder Mittelschaltung
oder ab Oktober 1981	5-Gang-Schaltgetriebe
Antriebs-Übersetzung:	3,54 : 1
Reifen v/h:	195/70 HR 14
Räder v/h:	6 J x 14
Bremse v/h:	Zweikreis-Scheibenbremsen
Spurweite v/h (mm):	1488/1446
Radstand (mm):	2710
Maße (L x B x H (mm)):	4640 x 1786 x 1395
Leergewicht (kg):	1505 + 40 Automatik [1510 + 40 Automatik]
Beschleunigung 0 – 100:	10,6 s [9,9 s]
Höchstgeschw. (km/h):	190 [200]

MERCEDES-BENZ 300 CD / 300 CD TURBODIESEL

Ausschließlich für den USA-Markt wurden die beiden Diesel-Coupés 300 CD und 300 CD Turbodiesel gebaut. Äußerlich fielen vor alllem die abweichenden Scheinwerfereinsätze ins Auge, die wegen der in den USA vorgeschriebenen »sealed beam«-Scheinwerfer erforderlich waren. Ein weiterer Unterschied zu den Inlandsmodellen waren die hervorstehenden Stoßfänger, die wegen der Aufprallvorschriften bei niedrigen Geschwindigkeiten vorgeschrieben waren. Die Diesel-Coupés wurden ausschließlich mit Automatik-Getriebe geliefert, und, wegen der Geschwindigkeitsbeschränkungen, nur mit SR-Reifen ausgerüstet. Vom 300 CD wurden 7502, vom 300 CD Turbodiesel 8007 Fahrzeuge gebaut.

TECHNISCHE DATEN

Modell:	**300 CD (C 123 D 30) [300 CD Turbodiesel (C 123 D 30 A)]**
Bauzeit:	05/09.1977 – 08.1981 [07.1981 – 08.1985]
Motor:	OM 617 [OM 617 A]
Zylinderzahl:	5 in Reihe
Hubraum (cm^3):	3005
Bohrung x Hub (mm):	90,9 x 92,4
Leistung (kW/PS):	59/80 bei 4000 1/min
ab September 1979	65/88 bei 4400 1/min [92/125 bei 4350 1/min]
Drehmoment (Nm/mkg):	172/17,5 bei 2400 1/min [245/25 bei 2400 1/min]
Verdichtung:	21,5 : 1
Ventilsteuerung:	ohc, Antrieb durch Duplex-Kette, 2 Ventile,
Gemischaufbereitung:	Vorkammereinspritzung durch Bosch Fünfstempelpumpe [mit Garret Abgas-Turbolader]
Getriebe:	4-Gang-Automatik mit Mittelschaltung
Antriebs-Übersetzung:	3,46 : 1 [3,07 : 1]
Reifen v/h:	195/70 HR 14
Räder v/h:	6 J x 14 H 2
Bremse v/h:	Zweikreis-Scheibenbremsen
Spurweite v/h (mm):	1488/1446
Radstand (mm):	2710
Maße (L x B x H (mm)):	4848 x 1786 x 1395
Leergewicht (kg):	1550 [1625]
Beschleunigung 0–100:	19,2 s [14,0 s]
Höchstgeschw. (km/h):	150 [165]

W-HT 509

8
S-EM 7914

MERCEDES-BENZ 200 T

Der 200 T rundete mit dem Einsatz des neuen Vierzylinder-Motors M 102, das Programm der Kombiversionen nach unten ab. Damit fungierte er an Stelle des 230 T als kleinste T-Modell-Variante mit Ottomotor. Der neuentwickelte Vierzylinder-Motor zeichente sich durch geringeres Gewicht, längere Wartungsintervalle und geringeren Kraftstoffverbrauch aus. Dabei mobilisierte er die gleiche Leistung wie der seitherige 2,3-Liter-Motor. Angeboten wurde der 200 T ab Juni 1980. Damals kostete er DM 26 114.-. Es wurden 18 860 Fahrzeuge gebaut.

TECHNISCHE DATEN

Modell:	**200 T (S 123 V 20)**
Bauzeit:	05/11.1980 – 01.1986
Motor:	M 102 V 20
Zylinderzahl:	4 in Reihe
Hubraum (cm³):	1997
Bohrung x Hub (mm):	89 x 80,25
Leistung (kW/PS):	80/109 bei 5200 1/min
Drehmoment (Nm/mkg):	170/17,3 bei 3000 1/min
Verdichtung:	9 : 1
Ventilsteuerung:	ohc, Antrieb durch Einfach-Kette, 2 V-förmig hängende Ventile
Gemischaufbereitung:	1 Flachstromvergaser Stromberg 175 CDT
Getriebe:	4-Gang,
auf Wunsch	4-Gang-Automatik mit Lenkrad- oder Mittelschaltung
oder ab Oktober 1981	5-Gang-Schaltgetriebe
Antriebs-Übersetzung:	3,69 : 1
Reifen v/h:	195/70 SR 14,
Räder v/h:	6 J x 14H2,
Bremse v/h:	Zweikreis-Scheibenbremsen,
Spurweite v/h (mm):	1488/1476,
Radstand (mm):	2795
Maße (L x B x H (mm)):	4725 x 1786 x 1425
Leergewicht (kg):	1500 + 40 Automatik
Beschleunigung 0–100:	15,3 s
Höchstgeschw. (km/h):	168

MERCEDES-BENZ 230 T / 230 TE

Der 230 T war zunächst die preiswerteste Möglichkeit, in den Club der T-Modelle einzusteigen. Der zusammen mit dem 200 T im Juni 1980 vorgestellte 230 TE war mit der 2,3-Liter-Einspritzversion des neu konstruierten Vierzylinder-Motors M 102 ausgerüstet. Er lief dem Vergasermodell 230 T schnell den Rang ab, zumal er die Fahrleistungen des Sechszylinder-Modells 250 T erreichte, dabei aber einen deutlich geringeren Benzinverbrauch aufwies. Der 230 T kostete DM 23 976.-.Es wurden 6884 Fahrzeuge produziert. Der 230 TE, der mit 42284 Exemplaren zum meistgebauten T-Modell avancierte, kostete bei seinem Erscheinen DM 28 781.-.

TECHNISCHE DATEN

Modell:	**230 T (S 123 V 23) [230 TE (S 123 E 23)]**
Bauzeit:	02/05.1978 – 04.1980 [10.1979/10.1980 – 01.1986]
Motor:	M 115 V 23 [M 102 E 23]
Zylinderzahl:	4 in Reihe
Hubraum (cm³):	2308 [2299]
Bohrung x Hub (mm):	93,75 x 83,6 [95,5 x 80,25]
Leistung (kW/PS):	80/109 bei 4800 1/min [100/136 bei 5100 1/min]
Drehmoment (Nm/mkg):	186/18,9 bei 3000 1/min [205/20,9 bei 3500 1/min]
Verdichtung:	9 : 1
Ventilsteuerung:	ohc, Antrieb durch Duplex-Kette, 2 Ventile [ohc, Antrieb durch Einfach-Kette, 2 V-förmig hängende Ventile]
Gemischaufbereitung:	1 Flachstrom-Vergaser Stromberg 175 CDT [Saugrohreinspritzung durch Bosch K-Jetronic]
Getriebe:	4-Gang mit Mittelschaltung
auf Wunsch	4-Gang-Automatik mit Lenkrad- oder Mittelschaltung
oder ab Oktober 1981	5-Gang-Schaltgetriebe
Antriebs-Übersetzung:	3,69 : 1 [3,58 : 1]
Reifen v/h:	195/70 SR 14 [195/70 HR 14]
Räder v/h:	6 J x 14 H2,
Bremse v/h:	Zweikreis-Scheibenbremsen
Spurweite v/h (mm):	1488/1446,
Radstand (mm):	2795
Maße (L x B x H (mm)):	4725 x 1786 x 1425,
Leergewicht (kg)	1500 + 40 Automatik [1510 + 40 Automatik]
Beschleunigung 0–100:	14,4 s [12,2 s]
Höchstgeschw. (km/h):	170 [180]

MERCEDES-BENZ 250 T

Der 250 T fungierte bei den T-Modellen der Baureihe 123 als Einsteigermodell in die Sechszylinder-Klasse. Damit war auch für die anspruchsvollere Kombiklientel ein adäquates Fahrzeug im Verkaufsprogramm. Äußerlich entsprach der 250 T mit seinen Rundscheinwerfern den Vierzylindermodellen. Ab August 1978 war die Servolenkung serienmäßig. Im September 1979 wurde die Leistung auf 140 PS angehoben und, wie bei allen Modellen der Baureihe, das kleinere Lenkrad aus dem W 126 eingebaut. Ab August 1980 war gegen Aufpreis ABS, ab Januar 1982 ein Fahrer-Airbag lieferbar. Der 250 T kostete DM 26 751.-. Es wurden 7704 Exemplare gebaut.

TECHNISCHE DATEN

Modell:	**250 T (S 123 V 25)**
Bauzeit:	09.1977/05.1978 – 08.1982;
Motor:	M 123 V 25
Zylinderzahl:	6 in Reihe
Hubraum (cm^3):	2525
Bohrung x Hub (mm):	86 x 72,45
Leistung (kW/PS):	95/129,
ab September 1979	103/140 bei 5500 1/min
Drehmoment (Nm/mkg):	196/20 bei 3500 1/min,
ab September 1979	200/20,4 bei 3500 1/min
Verdichtung:	8,7 : 1, ab 09.1979: 9,0 : 1
Ventilsteuerung:	ohc, Antrieb durch Einfach-Kette, 2 Ventile
Gemischaufbereitung:	1 Doppel-Register-Fallstrom-vergaser Solex 4 A 1
Getriebe:	4-Gang mit Mittelschaltung,
auf Wunsch	4-Gang-Automatik mit Lenkrad- oder Mittelschaltung
oder ab Oktober 1981	5-Gang-Schaltgetriebe
Antriebs-Übersetzung:	3,69 : 1
Reifen v/h:	195/70 HR 14
Räder v/h:	6 J x 14 H 2
Bremse v/h:	Zweikreis-Scheibenbremsen,
Spurweite v/h (mm):	1488/1446
Radstand (mm)	2795
Maße (L x B x H (mm)):	4725 x 1786 x 1425
Leergewicht (kg):	1510 + 40 Automatik
Beschleunigung 0–100:	11,9 s
Höchstgeschw. (km/h):	185

Der 280 TE mit seinem 185 PS starken Sechszylinder-Motor war das Topmodell der T-Reihe. Analog zu den Limousinen, unterschied er sich auch äußerlich von seinen weniger leistungsstarken Brüdern. An den rechteckigen Breitbandscheinwerfern war der 280 TE leicht zu identifizieren. Im Gegensatz zu Limousine und Coupé stand die 2,8-Liter-Vergaserversion nicht zur Wahl. Der 280 TE kostete DM 32 056.-. Es wurden 19 789 Stück gebaut.

TECHNISCHE DATEN

Modell:	**280 TE (S 123 E 28)**
Bauzeit:	09.1977/05.1978 – 01.1986
Motor:	M 110 E 28
Zylinderzahl:	6 in Reihe
Hubraum (cm³):	2746
Bohrung x Hub (mm):	86 x 78,8
Leistung (kW/PS):	130/177 bei 6000 1/min
ab April 1978	136/185 bei 5800 1/min
Drehmoment (Nm/mkg):	234/23,9 bei 4500 1/min
ab April 1978	240/24,5 bei 4500 1/min
Verdichtung:	9,0 : 1
Ventilsteuerung:	dohc, Antrieb durch Duplex-Kette 2 V-förmig hängende Ventile
Gemischaufbereitung:	Saugrohreinspritzung durch Bosch K-Jetronic
Getriebe:	4-Gang mit Mittelschaltung,
auf Wunsch	4-Gang-Automatik mit Lenkrad- oder Mittelschaltung
oder ab Oktober 1981	5-Gang-Schaltgetriebe
Antriebs-Übersetzung:	3,54 : 1
Reifen v/h:	195/70 HR 14,
Räder v/h:	6 J x 14 H 2,
Bremse v/h:	Zweikreis-Scheibenbremsen,
Spurweite v/h (mm):	1488/1446,
Radstand (mm)	2795
Maße (L x B x H (mm)):	4725 x 1786 x 1425,
Leergewicht (kg):	1575 + 40 Automatik
Beschleunigung 0–100:	10,2 s
Höchstgeschw. (km/h):	200

MERCEDES-BENZ 240 TD / 300 TD / 300 TD TURBODIESEL

Auch für Dieselfahrer deckte die Angebotspalette der T-Modelle ein breites Spektrum ab. Am unteren Ende erfolgte der Einstieg mit dem 240 TD, eine Stufe höher als bei den Limousinen. Ein Ausbund an Temperament war auch dieses Modell allerdings nicht. Flotter ging es dann schon mit dem 300 TD voran. Das leistungsstärkste T-Modell mit Dieselmotor war der 300 TD Turbodiesel, der wie der 280 TE über Breitbandscheinwerfer verfügte. Er war nicht nur der schnellste Diesel PKW, sondern auch das teuerste T-Modell. Servolenkung und Automatikgetriebe gehörten zur Serienausstattung. Im September 1982 erhielten alle Modelle der Baureihe die Rechteckscheinwefer, bis dahin hatten der 240 TD und 300 TD die Leuchteinheit mit runden Scheinwerfern. Der 240 TD kostete DM 25 053.-. Es wurden 38 903 Fahrzeuge gebaut. Der 300 TD kostete DM 27 317.-; von ihm wurden 36 874 Exemplare gebaut. Der 300 TD Turbodiesel kostete DM 36 521,-.Es wurden 28 219 Stück gebaut.

TECHNISCHE DATEN

Modell:	**240 TD (S 123 D 24)**	**300 TD (S 123 D 30)**	**300 TD Turbodiesel (S 123 D 30 A)**
Bauzeit:	02./05.78 – 01.86	09.77/05.78 – 01.86	11.79/10.80 – 01.86
Motor:	OM 616 D 24	OM 617 D 30	OM 617 D 30 A
Zylinderzahl:	4 in Reihe	5 in Reihe	5 in Reihe
Hubraum (cm³):	2404	3005	3005
Bohrung x Hub (mm):	90,9 x 92,4	90,9 x 92,4	90,9 x 92,4
Leistung (kW/PS):	53/72 bei 4400 1/min	59/80 bei 4200 1/min	92/125 bei 4350 1/min
ab September 1979		65/88 bei 4400 1/min	
Drehmoment (Nm/mkg):	137/14	172/17,5	250/25,5 bei 2400
Verdichtung:	21 : 1	21 : 1	21,5 : 1
Ventilsteuerung:	ohc, Antrieb durch Duplex-Kette, 2 Ventile	ohc, Antrieb durch Duplex-Kette, 2 Ventile	ohc, Antrieb durch Duplex-Kette, 2 Ventile
Gemischaufbereitung:	Vorkammereinspritzung durch Bosch Vierstempelpumpe	Vorkammereinspritzung durch Bosch Fünfstempelpumpe	Vorkammereinspritzung durch Bosch Fünfstempelpumpe Garret Abgas-Turbolader
Getriebe:	4-Gang mit Mittelschaltung,	4-Gang mit, Mittelschaltung,	4-Gang-Automatik mit Lenkrad- oder Mittelschaltung
auf Wunsch	4-Gang Automatik mit Lenkrad- oder Mittelschaltung	4-Gang-Automatik mit Lenkrad- oder Mittelschaltung	
ab Februar 1982	5-Gang	5-Gang	
Antriebs-Übersetzung:	3,69 : 1; 3,92 : 1	3,46 : 1; 3,69 : 1	3,07 : 1
Reifen v/h:	195/70 SR 14,	195/70 SR 14,	195/70 SR 14,
Räder v/h:	6 J x 14 H2	6 J x 14 H2	6 J x 14 H2
Bremse v/h:	Zweikreis-Scheibenbremsen,	Zweikreis-Scheibenbremsen,	Zweikreis-Scheibenbremsen,
Spurweite v/h (mm):	1488/1446	1488/1446	1488/1446
Radstand (mm):	2795	2795	2795
Maße (L x B x H (mm)):	4725 x 1786 x 1425	4725 x 1786 x 1425	4725 x 1786 x 1425
Leergewicht (kg):	1535 + 40 Automatik	1595 + 40 Automatik	1650
Beschleunigung 0–100:	23,2 s	18,9 s	15 s
Höchstgeschw. (km/h):	143	155	165

S-JN 1241
S-JN 1077

MERCEDES-BENZ 280 S

Dieser 280 S erreichte als Einstiegsmodell die Fahrleistungen des 280 SE aus der Vorgänger-Baureihe. Möglich machte es die aerodynamisch um Klassen bessere und leichtere Karosserie des W 126, die neue Maßstäbe setzte. Der hohe Kraftstoffverbrauch des Vergasermotors mit dem schwer einzustellenden Solex 4 A 1 Vergaser und die am Horizont heraufziehende Katalysator-Ära liessen die Tage dieses Modells gezählt sein. Der 280 S kostete DM 35 877.-. Es wurden 42 996 Limousinen gebaut.

TECHNISCHE DATEN

Modell:	**280 S (W 126 V 28)**
Bauzeit:	04/12.1979 – 11.1985
Motor:	M 110 V 28
Zylinderzahl:	6 in Reihe
Hubraum (cm^3):	2746
Bohrung x Hub (mm):	86 x 78,8
Leistung (kW/PS):	115/156 bei 5500 1/min
Drehmoment (Nm/mkg):	223/22,7 bei 4000 1/min
Verdichtung:	9 : 1
Ventilsteuerung:	dohc, Antrieb durch Duplex-Kette, 2 V-förmig hängende Ventile
Gemischaufbereitung:	1 Doppel-Register-Fallstromvergaser Solex 4 A 1
Getriebe:	4-Gang mit Mittelschaltung,
auf Wunsch	4-Gang-Automatik mit Mittelschaltung
oder ab Oktober 1981	5-Gang-Schaltgetriebe
Antriebs-Übersetzung:	3,46 : 1
Reifen v/h:	195/70 HR 14
Räder v/h:	6 J x 14 H2
Bremse v/h:	Zweikreis-Scheibenbremsen
Spurweite v/h (mm):	1545/1517
Radstand (mm):	2935
Maße (L x B x H (mm)):	4995x1820x1430
Leergewicht (kg):	1610
Beschleunigung 0–100:	11,0 s
Höchstgeschw. (km/h):	200

TECHNISCHE DATEN

Modell:	**280 SE (W 126 E 28) [280 SEL (V 126 E 28)]**
Bauzeit:	02/12.1979 – 09.1985 [12.1979/06.1980 – 09.1980]
Motor:	M 110 E 28
Zylinderzahl:	6 in Reihe
Hubraum (cm³):	2746
Bohrung x Hub (mm):	86 x 78,8
Leistung (kW/PS):	136/185 bei 5800 1/min
Drehmoment (Nm/mkg):	240/24,5 bei 4500 1/min
Verdichtung:	9 : 1
Ventilsteuerung:	dohc, Antrieb durch Duplex-Kette, 2 V-förmig hängende Ventile
Gemischaufbereitung:	Saugrohreinspritzung durch Bosch K-Jetronic
Getriebe:	4-Gang mit Mittelschaltung,
auf Wunsch	4-Gang-Automatik mit Mittelschaltung
oder ab Oktober 1981	5-Gang-Schaltgetriebe
Antriebs-Übersetzung:	3,46 : 1
Reifen v/h:	195/70 VR 14
Räder v/h:	6 J x 14 H2
Bremse v/h:	Zweikreis-Scheibenbremsen
Spurweite v/h (mm):	1545/1517
Radstand (mm):	2935 [3075]
Maße (L x B x H (mm)):	4995 x 1820 x 1430 [5135 x 1820 x 1434]
Leergewicht (kg):	1610 [1640]
Beschleunigung 0–100:	10,0 s
Höchstgeschw. (km/h):	210

Der 280 SE, äußerlich von den anderen Modellen der Baureihe W 126 nicht zu unterscheiden, erreichte mit seinen Fahrleistungen das Potential der ehemaligen 3,5-Liter-Modelle, allerdings stellte er an den Fahrer sportliche Anforderungen. Seine Top-Leistung stand erst ab 4500 1/min zur Verfügung. Ein halbes Jahr nach der Limousine wurde die Lang-Version nachgeschoben, die nur bescheidene Stückzahlen erreichte. Interessant war sie vornehmlich für Behörden- und Industriefuhrparks. Der 280 SE war das meistverkaufte Modell innerhalb der gesamten Baureihe. Er kostete DM 38 815.-. Es wurden 133 955 Limousinen gebaut. Der 280 SEL kostete DM 42 804.-, von ihm wurden 20 655 Exemplare gebaut.

S-EH 1266

280 SE
D
S-EH 1266

TECHNISCHE DATEN

Modell:	**380 SE (W 126 E 38) [380 SEL (V 126 E 38)]**
Bauzeit:	05.1979/01.1980 – 11.1985 [10.1979/6.1980 – 09.1985]
Motor:	M 116 E 38
Zylinderzahl:	V8
Hubraum (cm³):	3818,
ab September 1981	3839
Bohrung x Hub (mm):	92 x 71,8,
ab September 1981	88 x 78,9
Leistung (kW/PS):	160/218 bei 5500 1/min,
ab September 1981	150/204 bei 5250 1/min
Drehmoment (Nm/mkg):	305/31 bei 4000 1/min,
ab September 1981	315/32 bei 3250 1/min
Verdichtung:	9 : 1,
ab September 1981	9,4 : 1
Ventilsteuerung:	ohc je Zylinderbank, Antrieb durch Duplex-Kette, 2 Ventile
Gemischaufbereitung:	Saugrohreinspritzung durch Bosch K-Jetronic
Getriebe:	4-Gang-Automatik mit Mittelschaltung
Antriebs-Übersetzung:	3,17 : 1,
ab September 1981	2,47 : 1
Reifen v/h:	205/70 VR 14
Räder v/h:	6½ J x 14 H2
Bremse v/h:	Zweikreis-Scheibenbremsen
Spurweite v/h (mm):	1545/1517
Radstand (mm):	2935 [3075]
Maße (L x B x H (mm)):	4955 x 1820 x 1436 [5135 x 1820 x 1440]
Leergewicht (kg):	1645 [1665]
Beschleunigung 0–100:	9,3 s,
ab September 1981	9,8 s
Höchstgeschw. (km/h):	215
ab September 1981	210

Die Geschichte des 380 SE wurde eine Ausnahme bei Daimler-Benz, geprägt durch zwei unterschiedliche Triebstrangkonzepte. »FE – Fuel economy« war damals das Schlagwort, das die Entwickler intensiv beschäftigte und bereits zwei Jahre nach Markteinführung zu einem neuen Antriebskonzept führte. Verminderung der motorinternen Reibleistung, Anhebung des Drehmoments in niedrigeren Drehzahlbereichen bei Reduzierung der Leistungsspitze, sollte in Verbindung mit längeren Achsübersetzungen zu einem geringeren Kraftstoffverbrauch führen. Dazu erhielt der 3,8 Liter ein geändertes Hub-/Bohrungsverhältnis. Die Auswirkungen waren in allen Bereichen meßbar. Der 380 SE wurde in beiden Ausführungen ausschließlich mit Automatikgetriebe geliefert. Auf Wunsch waren ABS und ab Januar 1982 der Airbag lieferbar. Der 380 SE kostete DM 46 669.-. Es wurden 58 239 Limousinen gebaut. Der 380 SEL kostete DM 49 042.-. Von ihm wurden 27 014 Exemplare gebaut.

Die Geschichte des 500 SE/SEL ist abwecklungsreich, aber unübersichtlich. Auslöser waren die unklare Gesetzeslage vor der Einführung des Katalysators, die verschärfte Wettbewerbslage durch das Erscheinen der BMW 7er-Reihe mit dem V12-Motor im Herbst 1986. Das Zusammenspiel von Leistung und Kraftstoffverbrauch stellte die Kunden 1979 zufrieden. Die Fahrleistungen lagen dicht am vorherigen Topmodell, dem 450 SEL 6.9. Ab September 1981 wurden Leistung und Verbrauch reduziert. Vier Jahre später wurde die Leistung wieder erhöht. In der Katalysator-Ausführung sank sie zwangsweise auf eine nie gekannte Tiefe. Im September 1987 erfuhr der 500er für seine vierjährige Restlaufzeit

TECHNISCHE DATEN

Modell:	**500 SE (W 126 E 50) [500 SEL (V 126 E 50)]**
Bauzeit:	09.1979/01.1980 – 08.1991 [09.1979/06.1980 – 02.1992]
Motor:	M 117 E 50
Zylinderzahl:	V8
Hubraum (cm³):	4973
Bohrung x Hub (mm):	96,5 x 85
Leistung (kW/PS):	177/240 bei 4750 1/min
ab September 1981	170/231 bei 4750 1/min
ab September 1985	180/245 bei 4750 1/min RÜF, 164/223 bei 4700 1/min KAT,
ab September 1987	195/265 bei 5200 1/min RÜF, 185/252 bei 5200 1/min KAT
Drehmoment (Nm):	404 bei 3200 1/min,
ab September 1981	405 bei 3000 1/min,
ab September 1985	400 RÜF, 365 KATbei 3750 1/min,
ab September 1987	405 bei 4000 1/min RÜF, 390 bei 3750 1/min KAT
Verdichtung:	1 : 9, ab 09.1987: 1 : 10 mit AKR
Ventilsteuerung:	ohc je Zylinderbank, Antrieb durch Duplex-Kette, 2 Ventile
Gemischaufbereitung:	Saugrohreinspritzung durch Bosch K-Jetronic,
ab September 1985	durch Bosch KE-Jetronic

Getriebe:	4-Gang-Automatik mit Mittelschaltung
Antriebs-Übersetzung:	1 : 2,82, ab 09.1981: 1 : 2,24
Reifen v/h:	205/70 VR 14,
ab September 1985	205/65 VR 15
Räder v/h:	6½ J x 14 H2,
ab September 1985	7 J x 15 H2
Bremse v/h:	Zweikreis-Scheibenbremsen
Spurweite v/h (mm):	1545/1517,
ab September 1985	1555/1527
Radstand (mm):	2930 [3070]
Maße (L x B x H (mm)):	4955 x 1820 x 1436 [5135 x 1820 x 1440]
ab September 1985	5020 x 1820 x 1437 [5160 x 1820 x 1441]
Leergewicht (kg):	1670,
ab September 1985	1770 [1705, ab 09.1985: 1800]
Beschleunigung 0–100:	8,1 s,
ab September 1985	7,3 s RÜF, 8,0 s KAT,
ab September 1987	7,2 s RÜF, 7,5 s KAT
Höchstgeschw. (km/h):	225,
ab September 1981	220,
ab September 1985	230 RÜF, 220 KAT,
ab September 1987	235 RÜF, 230 KAT

noch einmal eine Leistungsanhebung. Im September 1985 waren vergrößerte Vorderradbremsen und 15-Zoll-Räder zum Einsatz gekommen. Von außen kennzeichnete diese Modelle die geänderte Front- und Heckschürze und die glatte Seitenbeplankung. Der 500 SE kostete DM 50 680.-. Es wurden 33 418 Exemplare gebaut. Der 500 SEL kostete DM 56 161.-. Es wurden 72 693 Stück gebaut.

MERCEDES-BENZ 300 SD / SDL TURBODIESEL

300 SD und SDL, beide mit Turbodiesel-Motoren, wurden ausschließlich in die USA ausgeliefert. Bis 1985 hielt der 300 SD mit dem aufgeladenen Fünfzylindermotor die Fahne der Topdie-selmodelle hoch. Ab 1985 wurde in diesem Segment nur noch die lange Version angeboten, die gleichzeitig mit dem neuen Sechszylindermotor OM 603, aus der damals neuen Mittelklasse W 124, ausgerüstet wurde. Der 300 SDL verfügte ebenfalls über all jene Verbesserungen – größere Vorderradbremsen, 15-Zoll-Räder, glatte Seitenbeplankungen, die auch alle anderen S-Klasse-Modelle erhalten hatten. Von dem 300 SD wurden die beachtliche Zahl von 78 725 Limousinen gebaut. Der 300 SDL brachte es auf 13 830 Limousinen.

TECHNISCHE DATEN

Modell:	**300 SD Turbodiesel (W 126 D 30 A) [300 SDL Turbodiesel (V 126 D 30 A)]**
Bauzeit:	09.1979/10.1980 – 08.1985 [02.1985 – 09.1987]
Motor:	OM 617 D 30 A [OM 603 D 30 A]
Zylinderzahl:	5 in Reihe [6 in Reihe]
Hubraum (cm³):	2998 [2996]
Bohrung x Hub (mm):	90,9 x 92,4 [87 x 84]
Leistung (kW/PS):	92/120 bei 4350 1/min [107/145 bei 4600 1/min]
Drehmoment (Nm/mkg):	250/25,5 bei 2400 1/min [265/27 bei 2400 1/min]
Verdichtung:	21,5 : 1 [22 : 1]
Ventilsteuerung:	ohc, Antrieb durch Duplex-Kette, 2 Ventile
Gemischaufbereitung:	Vorkammereinspritzung durch Bosch Fünfstempelpumpe [Bosch Sechsstempelpumpe und Garret Abgasturbolader]
Getriebe:	4-Gang-Automatik mit Mittelschaltung
Antriebs-Übersetzung:	3,07 : 1 [2,88 : 1]
Reifen v/h:	195/70 SR 14,
ab Modelljahr 1985	205/70 R 14 [205/65 R 15]
Räder v/h:	6 J x 14,
ab Modelljahr 1985	6½ J x 14 H2 [7 J x 15 H2]
Bremse v/h:	Zweikreis-Scheibenbremsen
Spurweite v/h (mm):	1545/1517 [1555/1527]
Radstand (mm):	2935 [3075]
Maße (L x B x H (mm)):	5145 x 1820 x 1430 [5285 x 1820 x 1441]
Leergewicht (kg):	1760 [1810]
Beschleunigung 0–100:	15,2 s
Höchstgeschw. (km/h):	170 [195]

TECHNISCHE DATEN

Modell:	**260 SE (W 126 E 26)**
Bauzeit:	06.1986/10.1985 – 02.1991
Motor:	M 103 E 26
Zylinderzahl:	6 in Reihe
Hubraum (cm³):	2597
Bohrung x Hub (mm):	82,9 x 80,25
Leistung (kW/PS):	122/166 bei 5800 1/min RÜF, 118/160 bei 5800 1/min KAT
Drehmoment (Nm/mkg):	228/23,2 RÜF, 220/22,4 KAT bei 4600 1/min
Verdichtung:	9,2 : 1
Ventilsteuerung:	ohc, Antrieb durch Einfach-Kette, 2 V-förmig hängende Ventile
Gemischaufbereitung:	Saugrohreinspritzung durch Bosch KE-Jetronic
Getriebe:	5-Gang mit Mittelschaltung,
auf Wunsch	4-Gang-Automatik mit Mittelschaltung
Antriebs-Übersetzung:	3,46 : 1
Reifen v/h:	205/65 VR 15
Räder v/h:	7 J x 15 H2
Bremse v/h:	Zweikreis-Scheibenbremsen
Spurweite v/h (mm):	1555/1527
Radstand (mm):	2935
Maße (L x B x H (mm)):	5020 x 1820 x 1437
Leergewicht (kg):	1580 + 40 Automatik
Beschleunigung 0–100:	10,2 s
Höchstgeschw.(km/h):	205

Anläßlich der Modellpflege zur IAA 1985 erhielt die S-Klasse ihren kleinsten Motor mit 2,6 Liter Hubraum. Der 260 SE trat die Nachfolge der als Einstiegsmodell aufgegebenen Vergaser-Variante 280 S an. Der Neue konnte alles besser. Er verbrauchte weniger Benzin, hatte bessere Fahrleistungen, größere Bremsen an der Vorderachse und war deutlich leiser als sein Vorgänger. Äußerlich unterschied er sich nicht von seinen stärkerern Brüdern, dafür aber von seinem Vorgänger durch neue Bug- und Heckschürzen, eine glatte Seitenbeplankung und durch serienmäßige 15-Zoll-Räder. ABS und Airbag waren auf Wunsch lieferbar. Der 260 SE kostete DM 50 673.-. Es wurden 20.836 Limousinen gebaut.

Mercedes-Benz 300 SE / 300 SEL

Der 300 SE war der direkte Nachfolger des 280 SE. Mit dem Sechszylinder-Motor M 103 ausgerüstet, zog der zukünftige Bestseller im Herbst 1985 in die überarbeitete Modellpalette der Baureihe W 126 ein. Von außen erkennbar durch eine neue Bug-und Heckschürze, glatte Seitenbeplankungen und 15-Zoll-Räder. An inneren Werten waren neben dem neuen Motor vor allem die größeren Bremsen an den Vorderrädern zu erwähnen. Auf Wunsch wurden ABS und Airbag geliefert. Während die Normalausführung nie die Stückzahlen des Vorgängers erreichte, verdoppelte der 300 SEL seinen Anteil gegenüber dem 280 SEL.
Der 300 SE kostete DM 54 891.-. Es wurden 105 422 Limousinen gebaut. Der 300 SEL kostete DM 58 596.-. Es wurden 40 956 Exemplare produziert.

TECHNISCHE DATEN

Modell:	**300 SE (W 126 E 30) [300 SEL (V 126 E 30)]**
Bauzeit:	08/09.1985 – 10.1991 [08/09.1985 – 08.1991]
Motor:	M 103 E 30
Zylinderzahl:	6 in Reihe
Hubraum (cm³):	2962
Bohrung x Hub (mm):	88,5 x 80,25
Leistung (kW/PS):	138/188 RÜF, 132/180 KAT bei 5700 1/min
Drehmoment (Nm/mkg):	260/26,5 RÜF, 255/26,0 KAT bei 4000 1/min
Verdichtung:	9,2 : 1
Ventilsteuerung:	ohc, Antrieb durch Einfach-Kette, 2 V-förmig hängende Ventile
Gemischaufbereitung:	Saugrohreinspritzung durch Bosch KE-Jetronic
Getriebe:	5-Gang mit Mittelschaltung,
auf Wunsch	4-Gang-Automatik mit Mittelschaltung
Antriebs-Übersetzung:	3,46 : 1
Reifen v/h:	205/65 VR 15
Räder v/h:	7 J x 15 H2
Bremse v/h:	Zweikreis-Scheibenbremsen
Spurweite v/h (mm):	1555/1527
Radstand (mm):	2935 [3075]
Maße (L x B x H (mm)):	5020 x 1820 x 1437 [5160 x 1820 x 1441]
Leergewicht (kg):	1580 + 40 Automatik [1610 + 40 Automatik]
Beschleunigung 0–100:	9,1 [9,4]
Höchstgeschw.(km/h):	205 [202]

TECHNISCHE DATEN

Modell:	**420 SE (W 126 E 42) [420 SEL (V 126 E 42)]**
Bauzeit:	08/09.1985 – 10.1991 [08/09.1985 – 08.1991]
Motor:	M 116 E 42
Zylinderzahl:	V8
Hubraum (cm³):	4196
Bohrung x Hub (mm):	92 x 78,9
Leistung (kW/PS):	160/218 RÜF, 150/204 KAT bei 5200 1/min
ab September 1987	170/231 RÜF, 165/224 KAT bei 5400 1/min
Drehmoment (Nm/mkg):	330/33,6 bei 3750 1/min RÜF, 310/31,6 bei 3600 1/min KAT
ab September 1987	335/34 RÜF, 325/33 KAT bei 4000 1/min
Verdichtung:	9 : 1,
ab September 1987	10 : 1 mit AKR
Ventilsteuerung:	ohc je Zylinderbank, Antrieb durch Duplex-Kette, 2 Ventile
Gemischaufbereitung:	Saugrohreinspritzung durch Bosch KE-Jetronic
Getriebe:	4-Gang-Automatik mit Mittelschaltung
Antriebs-Übersetzung:	2,47 : 1
Reifen v/h:	205/65 VR 15
Räder v/h:	7 J x 15 H2
Bremse v/h:	Zweikreis-Scheibenbremsen
Spurweite v/h (mm):	1555/1527
Radstand (mm):	2935 [3075]
Maße (L x B x H (mm)):	5020x1820x1437 [5160x1820x1441]
Leergewicht (kg):	1700 [1730]
Beschleunigung 0–100:	8,7 s
Höchstgeschw. (km/h):	210

Die 420er lösten im Herbst 1985 die biederen, etwas müden 380er-Modelle ab. Zur Hubraumerweiterung mußte man lediglich in den Baukasten greifen: Der Motorblock des 3,8 Liters, in der Ausführung vor September 1981, wurde mit der Kurbelwelle der späteren Variante kombiniert. Von außen entsprach der 420er dem allgemeinen Erscheinungsbild der S-Klasse ab September 1985. Die lange Version war bei den 3,8-Liter-Modellen mit einem Anteil von nur 31,7 Prozent vertreten. Beim 4,2 Liter erreichte sie einen stattlichen Anteil von 84 Prozent. Im Herbst 1987 wurden die Motoren leistungsgesteigert und mit einer Antiklopfregelung (AKR) versehen. ABS war serienmäßig, Airbag und Katalysator waren gegen Aufpreis zu bekommen. Der 420 SE kostete DM 70 623.-. Es wurden 13 996 Fahrzeuge gebaut. Der 420 SEL kostete DM 74 328.-. Es wurden 74 017 Exemplare produziert.

MERCEDES-BENZ 560 SE / 560 SEL

Der 560 SEL, auf der IAA 1985 vorgestellt, wurde ein voller Erfolg. Für die Hubraumerweiterung war eine neue Kurbelwelle mit acht statt sechs Gegengewichten erforderlich. Äußerlich war der 560 SEL, nur an seinem fülligerem Reifenformat und am Typenschriftzug zu erkennen. Die reichhaltige Serienausstattung umfaßte ABS, Klimaanlage, Leder- oder Velourspolsterung, Leichtmetall-Räder mit Reifen der Dimension 215/65 x 15 und hydropneumatische Federung. Airbag und ASR waren auf Wunsch lieferbar. Im Herbst 1987 wurde der Motoren überarbeitet und leistungsgesteigert. Im Herbst 1988 wurde dann die kurze Version, der 560 SE, nachgeschoben. Der 560 SE kostete bei Erscheinen 1988 DM 125 400.-. Es wurden 1252 Fahrzeuge gebaut. Der 560 SEL kostete im September 1985 DM 121 410.-. Es wurden 75 071 Fahrzeuge gebaut.

TECHNISCHE DATEN

Modell:	**560 SE (W 126 E 56) [560 SEL (V 126 E 56)]**
Bauzeit:	04.1988 – 01.1991 [09/10.1985 – 04.1992]
Motor:	M 117 E 56
Zylinderzahl:	V8
Hubraum (cm³):	5547
Bohrung x Hub (mm):	96,5 x 94,8
Leistung (kW/PS):	220/300 ECE, 200/272 RÜF, 178/242 KAT bei 5250 1/min
ab September 1987	220/300 RÜF, 205/279 KAT bei 5200 1/min
Drehmoment (Nm):	455 ECE, 430 RÜF, bei 3750 1/min, 390 bei 3500 1/min KAT
ab September 1987	455 RÜF, 430 KAT bei 3750 1/min
Verdichtung:	10,0 : 1 ECE, 9,0 : 1 RÜF und KAT.,
ab September 1987	10,0 : 1 RÜF und KAT mit AKR
Ventilsteuerung:	ohc je Zylinderbank, Antrieb durch Duplex-Kette, 2 Ventile
Gemischaufbereitung:	Saugrohreinspritzung durch Bosch KE-Jetronic
Getriebe:	4-Gang-Automatik mit Mittelschaltung
Antriebs-Übersetzung:	2,65 : 1
Reifen v/h:	215/65 VR 15
Räder v/h:	7 J x 15 H2 Leichtmetall-Räder
Bremse v/h:	Zweikreis-Scheibenbremsen
Spurweite v/h (mm):	1555/1442
Radstand (mm):	2930 [3070]
Maße (L x B x H (mm)):	5020 x 1820 x 1442 [5160 x 1820 x 1446]
Leergewicht (kg):	1830 [1860]
Beschleunigung 0–100:	6,8 s ECE, 6,9 s RÜF, 7,2 s KAT [7,2 s ECE, 7,4 s KAT]
Höchstgeschw. (km/h):	250 ECE und RÜF, 240 KAT

TECHNISCHE DATEN

Modell:	**380 SEC (C 126 E 38) [420 SEC (C 126 E 42)]**
Bauzeit:	09.1980/10.1981 – 09.1985 [07.1980/10.1981 – 09.1985]
Motor:	M 116 E 38 [M 116 E 42]
Zylinderzahl:	V8
Hubraum (cm^3):	3839 [4196]
Bohrung x Hub (mm):.	88 x 78,9 [92 x 78,9]
Leistung (kW/PS):	150/204 bei 5250 1/min [160/218 bei 5200 1/min RÜF, 150/204 bei 5200 1/min KAT,
ab September 1987	170/231 bei 5400 1/min RÜF, 165/224 bei 5400 1/min KAT]
Drehmoment (Nm):	315 bei 3250 1/min [330 bei 3750 1/min RÜF, 310 bei 3600 1/min KAT,
ab September 1987	335 bei 4000 1/min RÜF, 325 bei 4000 1/min KAT]
Verdichtung:	9,4 : 1 [9,0 : 1,
ab September 1987	10 : 1 mit AKR]
Ventilsteuerung:	ohc je Zylinderbank, Antrieb durch Duplex-Kette, 2 Ventile
Gemischaufbereitung:	Saugrohreinspritzung durch Bosch K-Jetronic [durch Bosch KE-Jetronic]
Getriebe:	4-Gang-Automatik mit Mittelschaltung
Antriebs-Übersetzung:	2,47 : 1
Reifen v/h:	205/70 VR 14 [205/65 VR 15]
Räder v/h:	$6\frac{1}{2}$ J x 14 H2 [7 J x 15 H2]
Bremse v/h:	Zweikreis-Scheibenbremsen
Spurweite v/h (mm):	1545/1517 [1555/1527]
Radstand (mm):	2850
Maße (L x B x H (mm)):	4910 x 1828 x 1406 [4395 x 1828 x 1407]
Leergewicht (kg):	1635 [1670]
Beschleunigung 0–100:	9,8 s; [9,0 s RÜF, 9,6 s KAT,
ab September 1987	8,2 s RÜF, 8,3 s KAT]
Höchstgeschw. (km/h):	210; [218 RÜF, 210 KAT]

Der 380 SEC bedeutete den Einstieg in die Coupé-Welt der Baureihe 126, die wieder auf der S-Klasse-Limousine basierte. Ein Sechszylinder-Modell, wie bei der Vorgänger-Baureihe C 107, wurde nicht angeboten. Der 380 SEC kostete DM 69 495.- und entstand in 11.287 Exemplaren. Sein Nachfolger, der im September 1985 präsentierte 420 SEC, hatte einen schwereren Stand. Er unterschied sich vom 380 SEC durch eine Reihe von Modellpflegemaßnahmen. Diese umfaßten neben dem hubraumstärkeren 4,2-Liter-Motor, 15-Zoll-Räder, größere Bremsen an den Vorderrädern, glatte Seitenbeplankungen, geänderte Bug- und Heckschürzen, größere Nebelscheinwerfer und ein Lederlenkrad. Der Motor wurde wie bei der Limousine im September 1987 in der Leistung angehoben und mit Anti-Klopfregelung (AKR) ausgerüstet. Großer Erfolg war dem 420 SEC nicht vergönnt, die Kunden bevorzugten die beiden stärkeren Versionen. Der 420 SEC kostete DM 94 563.-. Es wurden 3690 Stück gebaut.

MERCEDES-BENZ 500 SEC

Bei seinem Erscheinen im Herbst 1981 war der 500 SEC das leistungsstärkste Coupé und eines der Topmodelle im Mercedes-Benz PKW-Programm. Äußerlich unterschied er sich nicht von seinem Schwestermodell 380 SEC. Im Herbst 1985 wurde der 500 SEC, wie die anderen Typen der Baureihe einer dezenten Modellpflege unterzogen. Dabei mußte er die Rolle des Spitzenmodells an den neuen 560 SEC abgeben. Die überarbeitete Ausführung war an der geänderten Bug- und Heckschürze, den glatten Seitenbeplankungen und den 15-Zoll-Rädern zu erkennen. Im September 1987 erfolgte wie bei der Limousine eine Leistungssteigerung.
Der 500 SEC kostete bei seinem Erscheinen DM 73 902.-. Er wurde mit 30.184 gebauten Fahrzeugen das meistgebaute Coupé dieser Baureihe.

TECHNISCHE DATEN

Modell:	**500 SEC (C 126 E 50)**
Bauzeit:	07.1980/10.1981 – 10.1991
Motor:	M 117 E 50
Zylinderzahl:	V8
Hubraum (cm³):	4973
Bohrung x Hub (mm):	96,5 x 85
Leistung (kW/PS):	170/231 bei 4750 1/min,
ab September 1985	180/245 bei 4750 1/min RÜF, 164/223 bei 4700 1/min KAT,
ab September 1987	195/265 RÜF, 185/252 KAT bei 5200 1/min
Drehmoment (Nm):	405 bei 3000 1/min,
ab September 1985	400 RÜF, 365 KAT bei 3750 1/min,
ab September 1987	405 bei 4000 1/min RÜF, 390 bei 3750 1/min KAT
Verdichtung:	9 : 1,
ab September 1987	10 : 1 mit AKR
Ventilsteuerung:	ohc je Zylinderbank, Antrieb durch Duplex-Kette, 2 Ventile
Gemischaufbereitung:	Saugrohreinspritzung durch Bosch K-Jetronic,
ab September 1985	durch Bosch KE-Jetronic
Getriebe:	4-Gang-Automatik mit Mittelschaltung
Antriebs-Übersetzung:	2,24 : 1
Reifen v/h:	205/70 VR 14,
ab September 1985	205/65 VR 15
Räder v/h:	6½ J x 14 H2,
ab September 1985	7 J x 15 H2
Bremse v/h:	Zweikreis-Scheibenbremsen
Spurweite v/h (mm):	1545/1517,
ab September 1985	1555/1527
Radstand (mm):	2845
Maße (L x B x H (mm)):	4910 x 1828 x 1406,
ab September 1985	4935 x 1828 x 1407
Leergewicht (kg):	1660 [1740]
Beschleunigung 0–100:	8,1 s,
ab September 1985	7,8 s RÜF, 8,6 s KAT,
ab September 1987	7,2 s RÜF, 7,5 s KAT
Höchstgeschw. (km/h):	225,
ab September 1985	230 RÜF, 220 KAT,
ab September 1987	235 RÜF, 230 KAT

TECHNISCHE DATEN

Modell:	**560 SEC (C 126 E 56)**
Bauzeit:	06/10.1985 – 10.1991
Motor:	M 117 E 56
Zylinderzahl:	V8
Hubraum (cm³):	5547
Bohrung x Hub (mm):.	96,5 x 94,8
Leistung (kW/PS):	220/300 ECE, 200/272 RÜF, 178/242 KAT bei 5250 1/min
ab September 1987	220/300 RÜF, 205/279 KAT bei 5200 1/min
Drehmoment (Nm):	455 ECE, 430 RÜF bei 3750 1/min, 390 bei 3500 1/min KAT,
ab September 1987	455 RÜF, 430 KAT bei 3750 1/min
Verdichtung:	10,0 : 1 ECE, 9,0 : 1 RÜF und KAT,
ab September 1987	10,0 : 1 RÜF und KAT mit AKR
Ventilsteuerung:	ohc je Zylinderbank, Antrieb durch Duplex-Kette, 2 Ventile
Gemischaufbereitung:	Saugrohreinspritzung durch Bosch KE-Jetronic
Getriebe:	4-Gang-Automatik mit Mittelschaltung
Antriebs-Übersetzung:	2,65 : 1
Reifen v/h:	215/65 VR 15
Räder v/h:	7 J x 15 H2 Leichtmetall-Räder
Bremse v/h:	Zweikreis-Scheibenbremsen
Spurweite v/h (mm):	1555/1442
Radstand (mm):	2845
Maße (L x B x H (mm)):	4935 x 1828 x 1412
Leergewicht (kg):	1740
Beschleunigung 0–100:	7,2 s ECE, 7,4 s RÜF, 8,3 s KAT,
ab September 1987	6,9 s RÜF, 7,2 s KAT
Höchstgeschw. (km/h):	250 ECE, 238 RÜF, 228 KAT,
ab September 1987	250 RÜF, 240 KAT

Der 560 SEC war in dem Segment der großen Coupés der absolute Schlager. Von außen unterschied er sich, von den geringer motorisierten Zweitürern, nur durch die serienmäßigen Leichtmetall-Felgen und die größeren Reifen.
Aufgrund des gegenüber der Limousine günstigeren c_W-Wertes erreichten diese Coupés die magische Grenze 250 km/h. Damit erreichte man annähernd den Leistungsbereich der Zwölfzylinder des Wettbewerbs. In der 300 PS starken ECE-Ausführung waren die 560er die bis dahin stärksten Serienpersonenwagen von Daimler-Benz. Diese Variante war zwar nicht für den Einsatz mit Katalysator vorgesehen, erfüllte aber auch ohne Katalysator die von der Europäischen Wirtschaftskommission »ECE« festgelegten Abgasgrenzwerte. Der 560 SEC kostete DM 133 608.-. Es wurden 28 929 Coupés produziert.

S-EL 4907

MERCEDES-BENZ 350 SD / 350 SDL TURBODIESEL

Diese beiden Turbodiesel-Modelle der S-Klasse waren Exklusivangebote für die USA. Sie spielten jedoch dort keine große Rolle, nachdem sich die Dieseleuphorie wieder gelegt hatte. Der neue 3,5-Liter-Motor war auf Basis des bekannten Dreiliter-Sechszylinders entstanden. Die Hubraumvergrößerung wurde durch eine modifizierte Kurbelwelle mit acht Millimeter mehr Hub und eine um zwei Millimeter erweiterte Bohrung erzielt. Vom 350 SD wurden 2066, vom 350 SDL 2925 Limousinen gebaut.

TECHNISCHE DATEN

Modell:	**350 SD Turbodiesel [350 SDL Turbodiesel]** W 126 D 35 A [V 126 D 35 A]
Bauzeit:	06.1990 – 08.1991
Motor:	OM 603 D 35 A
Zylinderzahl:	6 in Reihe
Hubraum (cm^3):	3449
Bohrung x Hub (mm):	89 x 92,4
Leistung (kW/PS):.	100/136 bei 4000 1/min
Drehmoment (Nm/mkg):	319/32,5 bei 2000 1/min
Verdichtung:	22 : 1
Ventilsteuerung:	ohc, Antrieb durch Duplex-Kette, 2 Ventile
Gemischaufbereitung:	Vorkammereinspritzung durch Bosch Sechsstempelpumpe mit Garret Abgasturbolader
Getriebe:	4-Gang-Automatik mit Mittelschaltung
Antriebs-Übersetzung:	2,82 : 1
Reifen v/h:	205/65 HR 15
Räder v/h:	$6^1/_2$ J x 15 H2
Bremse v/h:	Zweikreis-Scheibenbremsen
Spurweite v/h (mm):	1555/1527
Radstand (mm):	2935 [3075]
Maße (L x B x H (mm)):	5145 x 1820 x 1438 [5285 x 1820 x 1441]
Leergewicht (kg):	1770 [1790]
Beschleunigung 0–100:	keine Angaben
Höchstgeschw. (km/h):	175 [195]

S-BL 5837

Mit dem 190 D, der sich äußerlich nicht von seinem Bruder mit Ottomotor unterschied, hielt eine neue Generation von Dieselmotoren mit dem Kürzel OM 600 ihren Einzug. Gegenüber dem Vorgänger wiesen sie einen Querstromzylinderkopf auf und hatten eine niedrigere Bauhöhe. Für Dieselmotoren waren diese Triebwerke, dank einer speziellen Motorkapselung, nach außen ungewohnt leise. In diesem Baukasten waren 5- und 6- Zylindermotoren, mit und ohne Aufladung, vorgesehen. Im Februar 1989 wurde der Motor mit dem Ziel geringerer Schadstoffemissionen überarbeitet und erhielt auf Wunsch ab Oktober 1990 einen Oxidationskatalysator mit Abgasrückführung. In diesem Zusammenhang konnten Leistung- und Drehmoment leicht gesteigert werden. Hinsichtlich Ausstattung und Fahrwerk erfuhr der 190 D im Laufe der Jahre dieselbe Entwicklung wie die Benziner. Der 190 D 2.2 war eine Sonderentwicklung für die USA, von der 10 560 Stück gebaut wurden. Der 190 D kostete DM 26 938,20 und entstand in 452.806 Exemplaren.

TECHNISCHE DATEN

Modell:	**190 D (W 201 D 20) [190 D 2.2 (W 201 D 22)]**	
Bauzeit:	08.1982/11.1983 – 08.1993 [02/11.1983 – 08.1985]	
Motor:		OM 601 D 20 [OM 601 D 22]
Zylinderzahl:		4 in Reihe
Hubraum (cm³):		1997 [2197]
Bohrung x Hub (mm):		87 x 84 [87 x 92,4]
Leistung (kW/PS): ab Februar 1989		53/72 bei 4400 1/min, 55/75 bei 4600 1/min [54/72 bei 4200 1/min]
Drehmoment (Nm): ab Februar 1989		123 bei 2800 1/min, 126 bei 2700 1/min [130 bei 2800 1/min]
Verdichtung:		22 : 1
Ventilsteuerung:		ohc, Antrieb durch Duplex-Kette, 2 Ventile
Gemischaufbereitung:		Vorkammereinspritzung durch Bosch Vierstempelpumpe
Getriebe: auf Wunsch		4-Gang-Schaltgetriebe, 5-Gang-Schaltgetriebe oder 4-Gang Automatik
Antriebs-Übersetzung: ab 1986		3,23 : 1 [3,42 : 1], 3,91 : 1 für 5-Gang
Reifen v/h: ab Januar 1985		175/70 R 14 S, 185/65 R 15 H ,
Räder v/h: ab Januar 1985		5 J x 14 H2 ET 50, 6 J x 15 H2 ET 49
Bremse v/h:		Zweikreis-Scheibenbremsen
Spurweite v/h (mm): ab Januar 1985		1428/1415, 1437/1418
Radstand (mm):		2665
Maße (L x B x H (mm)): ab Januar 1985		4420 x 1678 x 1383, 4420 x 1678 x 1390 [4445 x 1678 x 1383]
Leergewicht (kg):		1180 [1200]
Beschleunigung 0–100:		18,1 [18,4]
Höchstgeschw. (km/h):		160 [160]

MERCEDES-BENZ 190 D 2.5 / 190 D 2.5 TURBODIESEL

TECHNISCHE DATEN

Modell:	**190 D 2.5 (W 201 D 25)**
	[190 D 2.5 Turbo (W 201 D 25 A)]
Bauzeit:	08.84/06.85 – 08.93 [02.86 – 08.93]
Motor:	OM 602 D 25 [OM 602 D 25 A]
Zylinderzahl:	5 in Reihe
Hubraum (cm³):	2497
Bohrung x Hub (mm):	87 x 84
Leistung (kW/PS):	66/90 bei 4600 1/min,
ab Februar 1989	69/94 bei 4600 1/min
	[90/122 bei 4600 1/min,
ab Februar 1989	93/126 bei 4600 1/min]
Drehmoment (Nm):	154 bei 2800 1/min,
ab Februar 1989	158 bei 2800 1/min
	[225 bei 2400 1/min,
ab Februar 1989	231 bei 2400 1/min]
Verdichtung:	22 : 1
Ventilsteuerung:	ohc, Antrieb durch Duplexkette, 2 Ventile
Gemischaufbereitung:	Vorkammereinspritzung durch Bosch Fünfstempelpumpe [und Abgasturbolader]
Getriebe:	5-Gang-Schaltgetriebe,
auf Wunsch	4-Gang-Automatik
	[4-Gang-Automatik,
ab September 1989	5-Gang-Schaltgetriebe]
Antriebs-Übersetzung:	3,64 : 1 [3,46 : 1] Schaltgetriebe
	3,07 : 1 [2,65 : 1] Automatik
Reifen v/h:	185/65 R 15 T [185/65 R 15 H]
Räder v/h:	6 J x 15 H2 ET 49
	[7 J x 15 H2 ET 42]
Bremse v/h:	Zweikreis-Scheibenbremsen
Spurweite v/h (mm):	1437/1418
Radstand (mm):	2665
Maße (L x B x H (mm)):	4420 x 1678 x 1390,
ab September 1988	4448 x 1678 x 1375
Leergewicht (kg):	1220, ab 09.1988: 1250
	[1270, ab 09.1988: 1300]
Beschleunigung 0–100:	15,1 [11,5]
Höchstgeschw.(km/h):	174 [195]

Mit dem 190 D 2.5 fand der Powerdiesel Einzug in die Kompaktklasse. Die Turboversion war an den sechs Luft-Einlaßkiemen, im rechten vorderen Kotflügel hinter dem Blinker, und an einem Doppelrohr-Endschalldämpfer zu erkennen. Bereits ab September 1986 wurde die Turbo-Version zunächst in die USA ausgeliefert, ein Jahr später auch in Europa. Er war zunächst nur mit Automatik-Getriebe erhältlich. Ab September 1989 wurde nach der Einführung des Zwei-Massen-Schwungrads ein 5-Gang-Schaltgetriebe Standard. 1989 wurden beide Motoren mit dem Ziel geringerer Schadstoffemissionen überarbeitet. Ab September 1990 konnten auf Wunsch der Saugmotor, ein halbes Jahr später auch der Turbomotor mit einem Oxidationskatalysator mit Abgasrückführung ausgestattet werden. In diesem Zusammenhang wurden Leistung und Drehmoment leicht gesteigert. Beide Typen wurden auch in die USA exportiert. Der 190 D 2.5 kostete DM 33 915.-. Es wurden 147 502 Exemplare gebaut. Der Turbo kostete DM 43 719.-. Es wurden 20 915 Fahrzeuge gebaut.

Der 190 war zunächst das Einstiegsmodell einer neuen Baureihe. Der Motor wurde, gegenüber dem hubraumgleichen Triebwerk im 200, um 19 PS gedrosselt. Kleinere Ein- und Auslaßventile, geringerer Ventilhub und im Durchmesser reduzierte Ein- und Auslaßkanäle führten zu weniger Leistung. Im August 1984 wurde dies korrigiert: Die intern 190/1 genannte Variante hatte 105 PS. Der Einsatz von Hydrostößeln ersparte das Einstellen der Ventile. Die Nockenwelle wurde jetzt von einer Duplex-Kette angetrieben. Ab September 1986 gehörte ein geregelter Katalysator zum Serienumfang. Im September 1988 erfolgte eine Modellpflege, äußerlich erkennbar an der heruntergezogenen Bug- und Heckschürze und der Seitenbeplankung.
Der 190 kostete DM 25 538.-. Es wurden 35 021 Stück gebaut. Der 190/1 kostete DM 27 417.-. Bis Januar 1991 wurden 83 540 Stück gebaut.

TECHNISCHE DATEN

Modell:	**190 (W 201 V 20) [190/1 (W 201 V 20/1)]**
Bauzeit:	02/10.82 – 09.84 [08/10.84 – 01.91]
Motor:	M 102 V 20 [M 102 V 20]
Zylinderzahl:	4 in Reihe
Hubraum (cm³):	1996
Bohrung x Hub (mm):	89 x 80,25
Leistung (kW/PS):	66/90 bei 5000 1/min [77/105 bei 5500 1/min, 75/102 bei 5000 1/min KAT, 77/105 bei 5500 1/min RÜF]
Drehmoment (Nm):	165 bei 2500 1/min [178 bei 3500 1/min, 160 bei 3000 1/min KAT, 165 bei 3000 1/min RÜF]
Verdichtung:	9,1 : 1
Ventilsteuerung:	ohc, Antrieb durch Einfach-Kette, 2 Ventile [ohc, Antrieb durch Duplex-Kette]
Gemischaufbereitung:	1 Flachstromvergaser Stromberg 175 CDT [1 Flachstrom-Registervergaser Pierburg 2 EE]
Getriebe:	4-Gang-Schaltgetriebe
auf Wunsch	4-Gang-Automatik
oder ab August 1983	5-Gang-Schaltgetriebe
Antriebs-Übersetzung:	3,23 : 1 [3,46 : 1]
Reifen v/h:	175/70 R 14 T,
ab Januar 1985	185/65 R 15 H
Räder v/h:	5 J x 14 H2 ET 50,
ab Januar 1985	6 J x 15 H2 ET 49
Bremse v/h:	Zweikreis-Scheibenbremsen
Spurweite v/h (mm):	1428/1415,
ab Januar 1985	1437/1418
	1452/1432
Radstand (mm):	2665
Maße (L x B x H (mm)):	4420 x 1678 x 1383,
ab Januar 1985	4420 x 1678 x 1390,
ab September 1988	4448 x 1678 x 1375 ,
Leergewicht (kg):	1130 [1140]
Beschleunigung 0–100:	13,2 s [12,4 s]
Höchstgeschw.(km/h):	175 [185]

TECHNISCHE DATEN

Modell:	**190 E 1.8 (W 201 E 18)**
Bauzeit:	01/03.90 – 08.93
Motor:	M 102 E 18
Zylinderzahl:	4 in Reihe
Hubraum (cm³):	1797
Bohrung x Hub (mm):	89 x 72,2
Leistung (kW/PS):	80/109 bei 5500 1/min
Drehmoment (Nm):.	150 bei 3700 1/min
Verdichtung:.	9 : 1
Ventilsteuerung:	ohc, Antrieb durch Duplex-Kette, 2 Ventile
Gemischaufbereitung:	Saugrohreinspritzung durch Bosch KE-Jetronic
Getriebe:	4-Gang-Schaltgetriebe,
auf Wunsch	5-Gang-Schaltgetriebe oder 4-Gang Automatik
Antriebs-Übersetzung:	3,64 : 1 (5-Gang-Schaltgetriebe), 3,46 : 1 (4-Gang-Schaltgetriebe und Automatik)
Reifen v/h:	185/65 R 15 H
Räder v/h:	6 J x 15 H2 ET 49
Bremse v/h:	Zweikreis-Scheibenbremsen
Spurweite v/h (mm):	1441/1421
Radstand (mm):	2665
Maße (L x B x H (mm)):	4448 x 1690 x 1375
Leergewicht (kg):	1160
Beschleunigung 0–100:	12,3 s
Höchstgeschw. (km/h):	185

Eigentlich hätte der Spätgeborene 180 heißen müssen, eine bei Daimler-Benz positiv besetzte Typenbezeichnung. Die Bezeichnung 190 war eher zum Klassen- als zum Typenbegriff geworden, also erhielt sie auch der kleinste der Kleinen. Eine Preisdifferenz zum Zweiliter-Modell von seinerzeit ca. DM 6000.- sollten vor allem jüngere Kunden ansprechen. Äußerlich offenbart sich das »Sparmodell« nur dem Kenner durch pulverbeschichtete Zierstäbe und -leisten. Im Innenraum demonstrierten Türbeläge aus Kunststoff den Sparwillen. Der Motor erhielt eine Kurbelwelle mit kürzerem Hub und nur vier Gegengewichten. Der 190 E 1.8 löste den Typ 190 mit Vergaser-Motor ab. 173 354 Limousinen wurden gebaut. Der Preis betrug DM 34 143.-.

MERCEDES-BENZ 190 E / 190 E 2.0

Der 190 E war äußerlich identisch mit dem Vergasermodell. Ab August 1983 wurde auf Wunsch ein 5-Ganggetriebe angeboten. Die Übersetzung war so gewählt, daß der 5. Gang als Schongang wirkt. Im August 1984 wurde der Nokkenwellenantrieb des Vierzylinder-Motors auf Duplex-Kette umgestellt, Hydrostößel machten das Einstellen der Ventile überflüssig. Im Januar 1985 wurden die 14-Zoll-Räder durch 15-Zoll-Räder ersetzt. Ab September 1985 war der 190 E mit geregeltem Katalysator und als RÜF-Version lieferbar. Die Servolenkung wurde Serie. Eine stilistische Überarbeitung im September 1988, ließ nach unten gezogene Bug- und Heckschürzen erkennen. Eine Leistungssteigerung wurde im Januar 1991 durch den Einsatz der Doppelrohr-Abgasanlage mit größerem Katalysators erreicht. Mit 638 180 Fahrzeugen war der 190 E das meistgebaute Modell der Baureihe. Er kostete DM 27 742.-.

TECHNISCHE DATEN

Modell:	**190 E, ab 01.1991: 190 E 2.0 (W 201 E 20)**
Bauzeit:	02/10.1982 – 08.1993
Motor:	M 102 E 20
Zylinderzahl:	4 in Reihe
Hubraum (cm³):	1996
Bohrung x Hub (mm):	89 x 80,2
Leistung (kW/PS):	90/122 bei 5100 1/min,
ab September 1985	87/118 bei 5100 1/min KAT,
ab Januar 1991	90/122 bei 5300 1/min KAT
Drehmoment (Nm):	178 bei 3500 1/min,
ab September 1985	172 bei 3500 1/min KAT,
ab Januar 1991	175 bei 3500 1/min KAT
Verdichtung:	9,1 : 1
Ventilsteuerung:	ohc, Antrieb durch Einfach-Kette
ab September 1988	Duplex-Kette
Gemischaufbereitung:	Saugrohreinspritzung durch Bosch KE-Jetronic
Getriebe:	4-Gang-Schaltgetriebe
auf Wunsch	4-Gang-Automatik
oder ab August 1983	5-Gang-Schaltgetriebe
Antriebs-Übersetzung:	3,46 : 1 (5-Gang-Schaltgetriebe), 3,23 : 1 (4-Gang-Schaltgetriebe und Automatik)
Reifen v/h:	175/70 R 14 H,
ab Januar 1985	185/65 R 15 H
Räder v/h:	5 J x 14 H2 ET 50
ab Januar 1985	6 J x 15 H2 ET 49
Bremse v/h:	Zweikreis-Scheibenbremsen
Spurweite v/h:(mm)	1428/1415,
ab Januar 1985	1437/1418
Radstand (mm):	2665
Maße (L x B x H (mm)):	4420 x 1678 x 1390,
ab Januar 1985	4448 x 1690 x 1375
Leergewicht (kg):	1160, 1180
Beschleunigung 0–100:	10,5 s; 10,9 s KAT
Höchstgeschw.(km/h):	195; 190 KAT

TECHNISCHE DATEN

Modell:	**190 E 2.3 (W 201 E 23)**	
Bauzeit:	03/09.83 – 08.93	
Motor:		M 102 E 23
Zylinderzahl:		4 in Reihe
Hubraum (cm³):		2299
Bohrung x Hub (mm):		95,5 x 80,25
Leistung (kW/PS):		84/113 bei 5500 1/min USA,
ab August 1984		90/121 bei 5000 1/min USA,
ab 1986		100/136 RÜF,
		97/132 KAT bei 5100 1/min,
ab Januar 1991		100/136 bei 5200 1/min KAT
Drehmoment (Nm):		184 bei 3500 1/min USA,
		205 RÜF, 198 KAT bei 3500 1/min,
ab Januar 1991		200 bei 3500 1/min KAT
Verdichtung:		8 : 1, USA: 9 : 1
Ventilsteuerung:		ohc, Antrieb durch Einfach-Kette,
ab September 1988		durch Duplex-Kette
Gemischaufbereitung:		Saugrohreinspritzung durch Bosch KE-Jetronic
Getriebe:		5-Gang-Schaltgetriebe,
auf Wunsch		4-Gang-Automatik
Reifen v/h:		175/70 R 14 H,
ab Januar 1985		185/65 R 15 H
Räder v/h:		5 J x 14 H2 ET 50,
ab Januar 1985		6 J x 15 H2 ET 49
Bremse v/h:		Zweikreis-Scheibenbremsen
Spurweite v/h (mm):		1428/1415,
ab Januar 1985		1437/1418, 1441/1421
Radstand (mm):		2665
Maße (L x B x H (mm)):		4420 x 1678 x 1390
ab Januar 1985		4448 x 1690 x 1375
Leergewicht (kg):		1270, ab 09.88: 1290
Beschleunigung 0–100:		10,6 s KAT
Höchstgeschw.(km/h):		197 KAT, ab 01.91:200

Die Entwicklungsgeschichte des 190 E 2.3 demonstriert den mühsamen Weg zum geregelten Katalysator in der ersten Hälfte der achtziger Jahre. Zunächst war die 2,3-Liter-Variante nur als Sondermodell für den USA-Markt ausgelegt. Mit geregeltem Katalysator und niedriger Verdichtung leistete es 10 PS weniger als der 2,0-Liter-Modell. Eine Neuabstimmung im August 1984 ließ ihn in der Leistung gleichziehen. Im Dezember 1985 erschien der 2,3-Liter auch in den deutschen Preislisten, hier allerdings mit 136 PS. Ab September 1986 gehörte der Katalysator zur Serienausstattung. Im September 1988 erfolgte eine generelle Überarbeitung der Baureihe. Ab März 1989 konnten sportlich orientierte Fahrer das Sportfahrwerk bestellen. Im Januar 1991 wurde die Leistung, durch den Einsatz einer Doppelrohr-Abgasanlage mit größerem Katalysator wieder auf den ursprünglichen Stand vor Einführung des Katalysators angehoben. Der 190 E 2.3 kostete DM 39 102.-. Es wurden 186 610 Limousinen gebaut.

MERCEDES-BENZ 190 E 2.6

Der 190 E 2.6 war die Überraschung von Daimler-Benz auf der IAA 1985. Der Einbau des zunächst nicht vorgesehenen Sechszylinders erforderte Änderungen im Bereich des Kühlers, der weiter nach vorne gesetzt werden mußte. Dadurch war es erforderlich, auch die Frontschürze steiler nach unten zu ziehen. Diese Änderung und ein Doppelrohrauspuff waren die einzigen Unterscheidungsmerkmale zu den weniger leistungsstarken Modellen. Hier wurde im Kontrast zu den Sechzehnventilern Understatement pur zelebriert. Die Modellpflege im Herbst 1989 kam natürlich auch dem 2.6 zugute. Ein Jahr später wurde bei Fahrzeugen mit Schaltgetriebe die Übersetzung und der fünfte Gang kürzer ausgelegt, so daß im täglichen Gebrauch spritziger gefahren werden konnte. Der 190 E 2.6 kostete DM 39 102.-, von ihm wurden 104 907 Stück gebaut.

TECHNISCHE DATEN

Modell:	**190 E 2.6 (W 201 E 26)**
Bauzeit:	04.86 – 08.93
Motor:	M 103 E 26
Zylinderzahl:	6 in Reihe
Hubraum (cm³):	2599
Bohrung x Hub (mm):	82,9 x 80,25
Leistung (kW/PS):	122/166 bei 5800 1/min RÜF, 118/160 bei 5800 1/min KAT
Drehmoment (Nm):	228 bei 4600 1/min RÜF , 220 bei 4600 1/min KAT
Verdichtung:	9,2 : 1
Ventilsteuerung:	ohc, Antrieb durch Einfach-Kette
Gemischaufbereitung:	Saugrohreinspritzung durch Bosch KE-Jetronic
Getriebe:	5-Gang-Schaltgetriebe,
auf Wunsch	4-Gang Automatik
Reifen v/h:	185/65 R15V
Räder v/h:	6 J x 15 H2 ET 49
Bremse v/h:	Zweikreis-Scheibenbremsen
Spurweite v/h (mm):	1437/1418
Radstand (mm):	2660
Maße (L x B x H (mm)):	4428 x 1678 x 1390,
ab 9.88	4448 x 1690 x 1375,
Leergewicht (kg):	1310
ab 9.89	1340
Beschleunigung 0–100:	8,2 s
Höchstgeschw.(km/h):	215

TECHNISCHE DATEN

Modell:	**190 E 2.3-16 (W 201 E 23/2) [190 E 2.5-16 (W 201 E 25/2)]**
Bauzeit:	09.83/09.84 – 06.88 [07.88 – 06.93]
Motor:	M 102 E 23/2 [M 102 E 25/2]
Zylinderzahl:	4 in Reihe
Hubraum (cm^3):	2298 [2498]
Bohrung x Hub (mm):	95,5 x 80,25 [95,5 x 87,2]
Leistung (kW/PS):	136/185 bei 6200 1/min ECE, 130/177 RÜF, 125/170 KAT bei 5800 1/min [143/195 bei 6750 1/min KAT]
Drehmoment (Nm):	235 bei 4500 1/min ECE, 230 RÜF, 220 KAT bei 4750 1/min [235 bei 5000 – 5500 1/min KAT]
Verdichtung:	10,5 : 1 ECE; 9,7 : 1 RÜF und KAT; [9,7]
Ventilsteuerung:	dohc, Antrieb durch Einfach-Kette [Duplex-Kette], 4 Ventile
Gemischaufbereitung:	Saugrohreinspritzung durch Bosch KE-Jetronic
Getriebe:	5-Gang-Schaltgetriebe,
auf Wunsch	4-Gang-Automatik
Reifen v/h:	205/55 VR 15 [205/55 ZR 15]
Räder v/h:	7 J x 15 H2 ET 44 Leichtmetall
Bremse v/h:	Zweikreis-Scheibenbremsen
Spurweite v/h (mm):	1446/1429
Radstand (mm):	2665
Maße (L x B x H (mm)):	4430 x 1706 x 1361
Leergewicht (kg):	1350 [1400]
Beschleunigung 0–100:	7,5 s ECE, 8,5 s KAT [7,7 s KAT]
Höchstgeschw. (km/h):	230 ECE, 220 KAT [230 KAT]

Die »Sechzehnventiler« waren die Paradiesvögel in der sonst seriös-gediegenen Produktpalette von Daimler-Benz. Mit Front- und Heckspoiler sowie Schwellerverkleidungen für niedrigere c_W- und Auftriebswerte und Vierventilmotoren mit deutlich mehr Leistung verkörperten sie den Aufbruch zu neuen Ufern. Der Vierventil-Zylinderkopf war in Zusammenarbeit mit Cosworth entwickelt worden. Sein Leistungspotential demonstrierte der 2.3-16 bei Weltrekordfahrten in Nardo im August 1983. Dabei wurden neue Weltrekorde über 25 000 und 50 000 Kilometer sowie über 25 000 Meilen erzielt. Zunächst nur in den Farben blauschwarz- und rauchsilber-metallic lieferbar, kamen mit dem 2,5-Liter im Herbst 1988 almandinrot und astralsilber hinzu. Der 2.3-16 kostete DM 49 590.-. Es wurden 19 487 Exemplare produziert. Der 2.5-16 kostete DM 67 944.-. Es wurden 5743 Fahrzeuge gebaut.

S-KN 3028

MERCEDES-BENZ 190 E 2.5-16 EVOLUTION

Das Engagement in der Deutschen Tourenwagenmeisterschaft (DTM), mit der Auflage von Mindeststückzahlen, bescherte dem Typenprogramm zwei außergewöhnliche Fahrzeuge. Der Motor des 2.5-16 mit seinem langen Hub eignete sich nicht für die hohen Drehzahlen des Rennbetriebs, er wurde umkonstruiert und erhielt eine größere Bohrung bei kürzerem Hub. Äußerlich erschienen die beiden Evolutions-Typen mit eindrucksvollen Spoilern und Kotflügelverbreiterungen, um die größeren Räder mit entsprechenden Bremsen unterzubringen, ohne den c_W-Wert zu beeinträchtigen. Beide Varianten waren nur in blauschwarzer Metallic-Lackierung erhältlich und wurden in jeweils 502 Exemplaren gefertigt. Der 2.5-16 Evolution kostete DM 87 204.-,. der Evolution II DM 109 440.-.

TECHNISCHE DATEN

Modell:	**190 E 2.5-16 Evolution [190 E 2.5-16 Evolution II]**
Bauzeit:	02/03.89 – 05.89 [01/05.90 – 07.90]
Motor:	M 102 E 25/2
Zylinderzahl:	4 in Reihe
Hubraum (cm³):.	2463
Bohrung x Hub (mm):	97,3 x 82,8
Leistung (kW/PS):	150/204 bei 6750 1/min RÜF 143/195 bei 6800 1/min KAT [173/235 bei 7200/min]
Drehmoment (Nm):	240 bei 5000 – 5500 1/min RÜF 235 bei 5000 – 5500 1/min KAT [245 bei 5000 – 6000 1/min]
Verdichtung:	9,7 : 1 [10,5 : 1]
Ventilsteuerung:	dohc, Antrieb durch Duplex-Kette, 4 Ventile
Gemischaufbereitung:	Saugrohreinspritzung durch Bosch KE-Jetronic
Getriebe:	5-Gang-Schaltgetriebe
Reifen v/h:	225/50 ZR 16 [245/40 ZR 17]
Räder v/h:	8 J x 16 H2 ET 34 [8¼ J x 17 H2 ET 34]
Bremse v/h:	Zweikreis-Scheibenbremsen
Spurweite v/h (mm):	1478/1453
Radstand (mm):	2665
Maße (L x B x H (mm)):	4430 x 1720 x 1342
Leergewicht (kg):	1320
Beschleunigung 0–100:	7,7s [7,1 s]
Höchstgeschw.(km/h):	230 [250]